本书系杭州市哲学社会科学规划重点课题云计算服务扩散和用户采纳行为研究（2014JD27）及国家自然科学基金项目面向结构化对等云存储平台的服务信任问题研究（14ALGJL0001061402144）的成果之一。

云计算技术采纳与扩散研究

沈千里 著

中国财经出版传媒集团
中国财政经济出版社

图书在版编目（CIP）数据

云计算技术采纳与扩散研究／沈千里著．—北京：中国财政经济出版社，2019.5
ISBN 978-7-5095-9006-5

Ⅰ.①云…　Ⅱ.①沈…　Ⅲ.①云计算-商业服务-研究　Ⅳ.①TP393.027

中国版本图书馆CIP数据核字（2019）第092323号

责任编辑：彭　波　　　　责任印制：刘春年
封面设计：卜建辰　　　　责任校对：徐艳丽

中国财政经济出版社 出版
URL：http：//www.cfeph.cn
E-mail：cfeph@cfemg.cn

社址：北京市海淀区阜成路甲28号　邮政编码：100142
营销中心电话：010-88191537
北京财经印刷厂印装　各地新华书店经销
710×1000毫米　16开　9.75印张　200 000字
2019年5月第1版　2019年5月北京第1次印刷
定价：68.00元
ISBN 978-7-5095-9006-5
（图书出现印装问题，本社负责调换）
本社质量投诉电话：010-88190744
打击盗版举报热线：010-88191661　QQ：2242791300

前　言

近年来，云计算技术发展迅速，已逐步成为提升企业信息化水平，打造数字经济新动能的重要支撑。云计算是一种通过网络接入虚拟资源池以获取共享计算能力和资源的模式，仅需较少的管理工作和人为干预就能实现资源的快速获取和释放，并具有灵活、便利、按需服务等特点，大大降低了企业信息化转型的成本，这对于那些资金、技术和人力资源均有限的企业而言具有重要的价值。同时，企业利用云计算技术可以更加有效地整合运营过程中所需要的各种市场资源，推动上下游产业链的整合，进一步促进协同创新，创造可观的利润和价值。云计算服务将信息技术和服务模式进行了有效融合，形成了一种全新的商业服务模式，是信息化发展的新方向。虽然云计算服务具有巨大优势，但云计算的相关服务能否被使用者真正接受，在技术、成本、效率、效益、安全等方面还存在许多考量的因素。特别对于企业用户，云计算服务的应用和推广仍面临着各种问题，市场需求尚未完全释放。

本书试图针对云计算服务的特点和企业用户采纳云计算服务的实际情况，分析和研究企业用户采纳云计算服务的各种影响因素，构建企业用户云计算服务采纳行为模型，并进行实证分析，为广大企业接入云计算服务以及政府推动云计算产业发展，提高云计算应用水平提供对策和建议。

本书的主要研究内容和结论包括以下几方面：

(1) 本书通过扩展和修正技术—组织—环境理论框架（T-O-E），构建并实证了企业用户云计算服务采纳行为模型。采纳行为模型中技术类影响因素包括相对优势、复杂性、兼容性、感知成本和可试性；组织类影响因素包括管理层态度、资源就绪度和需求迫切度；环境类因素包括潮流压力、竞争压力和政府支持；信任因素包括感知云服务商品质和感知信息安全程度。

实证结果显示，技术类影响因素中兼容性和可试性对企业用户采纳云计算的意向有显著的正向影响，感知成本对企业用户采纳云计算的意向有显著的负向影响。在组织类影响因素中，管理层态度和需求迫切度对企业用户采纳云计算的意向有显著的正向影响。在环境类影响因素中，潮流压力和政府支持对企业用户采纳云计算的意向有显著的正向影响。在信任因素中，感知云服务商品质和感知信息安全程度均对企业用户采纳云计算的意向有显著的正向影响。

(2) 本书研究了企业特质对企业采纳云计算服务意向的影响作用，企业的特质有很多维度，这里主要研究了企业规模、企业所处行业和企业发展阶段这三种企业特质对采纳意愿的影响。研究表明，企业规模和企业发展阶段对企业采纳云计算服务的意向有显著影响，而企业所处行业对企业采纳云计算服务的影响不显著。从单因素方差分析的结果来看，根据不同的企业规模分析，小微型企业采纳云计算服务的意向最高，中型企业的采纳意愿次之，大型企业的采纳意愿较低，说明大型企业采纳云计算服务的意愿弱于小型的企业。根据不同的企业发展阶段分析，初创期的企业采纳云计算服务的意向较高，成长期企业的采纳意愿次之，成熟期企业的采纳意愿较低，这说明老企业采纳云计算服务的意愿弱于新兴企业。

(3) 本书按照不同企业特质，对云计算服务采纳模型进行了分组拟合分析，研究结果表明，按不同分组验证后，采纳模型的结果针对不同企业特质需要做相应的修正。从不同企业规模分组拟合的结果来看，对小微企业，感知成本、可试性、潮流压力和政府支持对云计算服务采纳意愿的影响显著性明显，而对于大型企业，感知成本、可试性和潮流压力对采纳意愿的影响不显著，政府支持的影响显著性降低，而感知信息安全程度的影响显著增加。从不同企业发展阶段分组拟合的结果来看，感知成本、可试性、潮流压力对初创期企业的采纳意愿影响略高，政府支持对初创期企业的采纳影响显著增加，感知信息安全程度对成熟期企业的采纳影响更为显著。

(4) 本书提出了一种基于 D－S 证据理论和网络评论信息的云计算服务信任评价机制，通过分析网络评论的文本情感，挖掘有价值的信息，判断用户对云计算服务的信任程度，有助于减少和消除云计算服务采纳过程中的信息不对称问题，提高用户对云计算服务的感知信任，从而帮助和促进企业用户选择和采纳云计算服务。实验结果表明，基于 D－S 证据理论的整体倾向性评测和人工阅读评测呈现较好的一致性。

(5) 本书结合企业用户云计算服务采纳影响因素的研究，针对研究中发现的问题，提出了促进企业用户采纳云计算服务的促进原则，对采纳云计算服务的企业用户、提供云计算服务的供应商、云计算服务产品和期望推动云计算产业发展的政府部门等各方提出相应的对策和建议。

本书在以下方面开展了创新性的研究：

（1）扩展和修正了传统的技术—组织—环境理论框架（T－O－E），将其拓展至云计算服务领域，通过融合创新扩散理论、理性行为理论、计划行为理论、技术接受模型等用户采纳理论以及制度理论，将传统的技术采纳和全新的云计算服务技术相结合，并创新引入感知云服务商品质和感知信息安全程度这两个云计算服务特有的信任因素，构建了企业用户云计算服务采纳行为模型，一方面丰富了技术—组织—环境研究框架，另一方面也完善了云计算服务采纳研究体系。

（2）将企业特质作为控制变量引入企业用户云计算服务采纳模型的研究中，分析了企业特质对用户采纳云计算服务意愿的影响，并从企业特质的角度出发，进行了分组研究和模型拟合，通过比较研究，明晰了不同企业特质对云计算采纳行为意愿的影响，提高了云计算服务采纳模型的准确程度，扩展了云计算服务采纳模型的应用范围。

（3）创新提出一种基于D－S证据理论和网络评论信息的云计算服务信任评价机制，有助于减少和消除云计算服务采纳过程中的信息不对称问题，提高用户对云计算服务的感知信任，从而促进企业用户采纳云计算服务。本书首次将基于D－S证据理论的意见挖掘方法和基于网络评论的文本情感分析应用到云计算服务信任和采纳的研究领域。

（4）系统性地提出了促进企业用户采纳云计算服务的多维度对策体系。本书分别从采纳云计算服务的企业用户、提供云计算服务的供应商、云计算服务产品和期望推动云计算产业发展的政府部门等不同维度，有针对性地提出了建设性的云计算采纳促进原则、意见和对策建议，对于促进企业云计算服务采纳，推动云计算产业发展有积极的现实意义和实践价值。

作　者

2019年2月

目　录

第1章 绪 论

1.1 研究背景

1.1.1 云计算促进信息化工业化深度融合

云计算（cloud computing）服务是一项伟大的发明，是自20世纪80年代大型计算机转为Client/Server架构（客户端服务器架构）之后新的创举。在PC、Internet出现之后，云计算被认为是信息技术发展最重大的进步，是第三次IT浪潮的代表。云计算技术从诞生之初就受到了各界广泛的关注，无论是研究机构、企业还是政府都非常重视云计算的发展，视其为战略性的信息技术。大量企业都看好云计算技术的发展前景，包括Microsoft、Google、Amazon、IBM、百度、阿里巴巴在内的众多知名企业都已经进入云计算服务的领域，提供各类云计算服务产品。许多国家政府也都将发展云计算技术和产业上升到国家战略高度。

云计算完全改变了人们对信息技术的认知和使用模式，用户可以随时随地通过互联网络接入云计算服务，通过云计算服务可以享受超大规模的计算能力和资源，可以弹性动态伸缩满足需求变化，可以按需定制服务和付费，可以实现计算能力和资源的共享。云计算使企业的信息化发展变得更为灵活和可控，成本更加节约。因此，云计算技术不但可以缓解企业信息化发展的“瓶颈”，还能在企业面对新形势和新变化时，帮助其更好地进行应对，进而创造出的新的价值。云计算的特征和优势决定了其可以促进信息化和工业化的深度融合，云计算服务在企业中的广泛应用将有效推动社会经济的发展。

1.1.2 云计算推动社会经济与企业的发展

云计算已经被列入我国至关重要的战略新兴产业。国务院、工信部、发改委等部门出台了一系列的政策文件，大力扶持云计算作为新一代信息技术重点发展。例如，2010 年发布的《国务院关于加快培育和发展战略性新兴产业的决定》《关于做好云计算服务创新发展试点示范工作的通知》，2015 年发布的《国务院关于促进云计算创新发展培育信息产业新业态的意见》，2017 年发布的《云计算发展三年行动计划（2017—2019 年）》等，均对云计算的发展制定了实质性的扶持政策。在我国政府的大力推动和引导下，目前云计算产业在国内取得了长足的发展，2015 年年底，我国云计算产业的市场规模已达 1500 亿元，已经有北京、上海、杭州、深圳、无锡、哈尔滨等六个云计算服务创新发展试点城市，云计算的认知度获得了极大地提高，云计算产业发展速度迅猛，应用领域不断扩大，服务和创新能力得到显著增强，产业规模快速增长，预计 2019 年的产业规模会达到 4300 亿元。可以说，云计算已经成为我国发展数字经济不可或缺的重要支柱。

在云计算技术出现以前，企业开展信息化应用必须自行采购和配置硬件设备和软件程序，由于是企业级应用，对系统性能都有一定的要求，因此对运算能力、存储空间、安全可靠性都有较高的标准，这就导致软硬件设备的价格成本会很高，需要企业有高昂的投入，而在满足企业需求的同时，这些系统和资源往往并不需要全天候使用，很多时候都会被闲置，造成资源的浪费。而云计算则是以虚拟化手段、互联网技术、分布式计算等要素为基础，把按需分配作为新的业务模式，它所特有的资源池，弹性、可扩展性等特点，以及以服务形式按需求分配和收取费用的模式，使得企业在采用信息技术服务的时候，不必再一次性购买大量的软硬件设施，包括大容量硬盘、高性能的服务器、本地应用软件等，而只需要根据自身的应用需求，购买云端的服务即可，这样一方面可以大大节约信息技术的初始成本，还可以免去繁琐的软硬件维护升级工作，并极大提高系统灵活性。因此，云计算服务是一种具备了资源充分共享、系统可动态扩展、接入服务便捷等优点的新型网络商业计算模式，这在经济发展快速全球化，企业间竞争日趋激烈的环境下，对企业生存发展具有重要意义。

1.1.3 推进企业采纳和应用云计算服务是我国云计算发展的关键

云计算以全新的服务模式帮助用户开展信息化应有，这给企业用户信息化发展带来极大的促进，相对于以前传统的信息化模式，云计算服务的优势非常明显，主要包括：（1）按需分配和计费使信息化成本得到降低；（2）弹性服务能力有效满足企业业务的峰值负荷；（3）服务的可扩展性可以轻松应对系统的需求变化和扩充；（4）资源的共享性有效提高企业业务协作能力。在云计算服务的驱动下，企业信息化发展将变得更加容易，有利于信息化与工业化的融合，帮助我国企业提高市场竞争力。而相应地，企业广泛采纳和应用云计算服务也将促进云计算产业健康快速地发展。

当前，云计算的发展已纳入“十三五”信息规划，我国作为发展中国家，引导和鼓励各类企业特别是数量庞大的中小企业积极采纳云计算服务，提高企业信息化技术应用和管理水平，缩小与欧美先进国家的技术发展差距，是国家重点推进实施的工作。中央和各地方政府都实施了一系列的行动计划，如“互联网+”行动、“万企上云”行动，给出了大量的政策红利，其目的都是鼓励企业用户采纳云计算服务，推动云计算产业发展。

虽然云计算服务产业具有巨大的市场增长前景，政府也在极力推动云计算产业的发展，但企业面对是否采纳和应用云计算服务时，在技术、成本、效率、效益、安全等方面还存在着许多考量因素。虽然在政府的大力推动和引导下，企业对于云计算服务的认知度已经得到了很大的提高，但云计算服务在我国企业中的普及度还没有达到足够的程度。由于受到各种制约因素的影响，我国企业采纳和应用云计算服务的情况和欧美等先进技术国家还有很大的差距，即便是那些已经采纳云计算服务的企业，它们也往往只是把一些诸如后勤、仓储、物流、电子邮件等非核心业务放到云上，而那些核心业务依然采用传统信息技术。所以，如何进一步促进企业用户采纳云计算服务具有非常重要的研究价值。

信息扩散和用户接受理论作为当前信息科学中备受关注的前沿课题之一，对于预测和解释用户对信息技术的接受采纳有重要的指导意义。该理论始于20世纪80年代末期，当时有学者提出了“用户对信息技术接受”这一概念，该研究逐渐开始受到理论界和产业界的关注。用户接受理论主要用来解释用户对一项新技术的接受程度，用户接受研究的最终目的是希望能够找到评价产品的实用方法，预测用户对产品的反应，或是通过改变产品特性和实施方法来促进用户对产品的接受和使用。

因此，本书将信息扩散和用户接受理论应用于云计算技术用户采纳的预测和解释具有相当的研究价值和现实指导意义，对于云计算服务的推广，促进我国云计算技术快速、高效、健康的发展无疑有着重要的理论和实践意义。

1.2 研究目的和意义

云计算服务自诞生以来，备受各方关注，因其技术优势和商业价值，各国政府都在积极推进云计算服务的商业化应用和产业发展，可以说，云计算是当下在全球发展最为迅猛的信息技术之一。我国政府在这样的全球化大背景下，也敏锐地洞察到发展云计算服务的重要价值，并把大力发展云计算技术和推进云计算服务应用纳入了国家信息化发展的“十三五”规划中，出台了一系列促进云计算产业发展的政策和规划，云计算在我国企业中的普及度也得到了一定的提高。但是，相对于欧美云计算技术发展发达的国家，我国企业的云计算采纳率还有很大提升的空间。而在已经采纳云计算服务的企业当中，云计算服务也往往多被应用在非核心业务领域。因此，如何更好地理解企业在采纳和应用云计算服务时的影响因素和相关行为，帮助企业有效选择云计算服务，促进企业最终采纳云计算服务，推动云计算产业在我国的发展，是本研究的目的和意义所在。

本书从云计算服务在企业中的实际采纳现状出发，结合我国云计算产业发展的情况，参考国内外学者在创新技术扩散和采纳领域的研究成果和结论，对可能影响企业用户采纳和应用云计算服务的因素进行了深入的研究和分析，并针对云计算服务采纳中的信任问题，探索性研究了基于D-S证据理论和网络评论信息的云计算服务信任评价模型。本书的研究内容具有一定的理论意义和现实意义，主要包括：

（1）本书结合了创新扩散理论、理性行为理论、计划行为理论、技术接受模型等用户采纳理论以及制度理论，对传统的技术—组织—环境理论框架（T-O-E）进行了扩展和修正，基于该研究框架，分析企业用户采纳云计算服务过程中可能受到的各类影响因素，提出并构建了企业用户云计算服务采纳行为模型，丰富了云计算服务采纳行为的理论研究。

（2）本书从企业特质的角度出发，对企业用户云计算服务采纳行为模型进行了分组研究和模型拟合，通过比较研究，明晰了不同企业特质对云计算采纳行为意愿的影响，提高了该模型的准确程度，并扩展了其应用范围。

（3）本书针对企业用户云计算服务采纳过程中的信任问题，结合D-S证据理论，探索性地提出基于网络评论信息的云计算采纳信任评价模型，将基于D-

S证据理论的意见挖掘方法应用到云计算服务信任和采纳的研究领域。

（4）对于考虑采纳云计算服务的企业，本书从理论上为它们提供了企业用户云计算服务采纳行为的参考模型，明确了可能会对采纳行为产生影响的关键因素，并针对不同企业特质的情境，相应地提出模型的修正，同时，特别针对由于信息不对称导致的信任问题，提出了一种基于网络评论的云计算服务信任评价机制，以期在企业用户采纳云计算服务的决策过程中能够提供有效的指导和帮助。

（5）对于提供云计算服务的服务商，本书的研究结果能够对云计算服务产品的设计、开发、营销和推广，以及后期的维护，产生一定的参考和指导价值，帮助云服务商推出更适合我国企业需求的云计算产品，推动产业的进一步发展。

（6）对于政府相关部门，本书的研究结果对于其制定相关的云计算产业扶持政策，有一定的参考和引导价值，有助于政府机构更有效地制定科学系统的产业推动政策，促进云计算服务在企业中的采纳和应用，推动我国云计算技术快速、高效、健康地发展。

1.3　研究思路和方法

云计算是一种革命性的信息技术和创新的商业服务模式，它引领了信息化的发展方向。虽然云计算服务具有巨大优势，但云计算的相关服务能否被使用者真正接受，在技术、成本、效率、效益、安全等方面还存在许多考量的因素。特别对于企业用户，出于安全性、标准、兼容性以及企业自身能力等方面的考虑，云计算服务在企业的应用和推广仍面临着各种问题，市场需求尚未完全释放。本书分析和研究企业用户采纳云计算服务的各种影响因素，以期为广大企业接入云计算服务以及政府推动云计算产业发展，提高云计算应用水平提供一定的建议和帮助。

1.3.1　研究思路

本书根据企业用户采纳云计算服务的社会现实提出研究问题，在作了详尽的文献综述的基础上，进一步明确当前研究的不足和重点研究的方向，通过理论构建、理论演绎、实践调研归纳、模型构建、假设检验以及实证分析来解决问题、提出相应的对策和建议。总体上，本书将按照提出问题、分析问题、解决问题、总结展望的步骤展开论述，具体研究思路如下所示。

（1）明确企业用户云计算服务采纳行为研究中所涉及的相关概念和问题范围。通过梳理云计算服务、用户采纳行为相关理论以及云计算服务采纳行为研究等领域的相关文献，分析总结现有研究的问题和不足，明确企业用户云计算服务采纳行为具体要研究的问题、方向和范围。

（2）构建企业用户云计算服务采纳行为研究模型并提出研究假设。在明确了研究所涉及相关概念和问题，梳理总结了云计算采纳行为相关文献的基础上，本书采用信息技术采纳领域中比较成熟的技术—组织—环境（T－O－E）研究架构，结合相关的创新扩散和技术采纳理论，融合TAM、TPB、UTAUT等模型，探索研究企业用户云计算服务采纳行为的机理，在深入分析云计算服务特征的基础之上，通过相应的调研，根据理论和实践两方面的对比分析，从技术、组织、环境以及信任等4个层面总结归纳出影响企业用户采纳云计算服务的因素，构建企业用户云计算服务采纳行为模型，并据此提出研究的假设。

（3）对企业用户云计算服务采纳行为模型进行实证研究并对假设进行检验。将模型中的变量做操作化定义处理，设计科学合理的调查问卷，并选择调查对象开展调查活动，使用结构方程模型的方法进行实证分析，验证所提出理论模型和假设检验，对模型进行修正。同时，采用多元回归和单因素方差分析的方法，研究企业特质对企业采纳云计算服务的影响，根据不同的企业特质，对模型进行分组拟合分析和假设检验。

（4）根据实证研究结果，提出相应的促进企业用户采纳云计算服务的机制与对策体系。根据企业用户云计算服务采纳行为模型的实证研究结果，企业用户在采纳云计算服务的过程中会受到包括技术、组织、环境和信任在内的四大类因素影响，据此相应地提出促进企业用户采纳云计算服务的机制和对策体系，根据不同的影响因素，主要分为两个部分：

①主要针对信任因素，提出一种基于网络评论和意见挖掘的云计算服务信任评价机制。我们需要通过提高企业用户在云计算服务采纳过程中对云计算服务的信任感来促进采纳行为，本研究中信任因素包括感知云服务商品质和感知信息安全程度，用户对云计算服务的信任感不够高，在很大程度上不是由于云服务商品质低劣或者云计算技术不够安全，而是由于信息不对称，对云计算服务商、云计算产品缺乏了解，因此本书从意见挖掘的视角，结合D－S证据理论，探索性地

设计了一种基于网络评论信息的云计算服务信任评价机制，并进行实证研究，以期减少和消除企业用户在采纳云计算服务过程中的信息不对称，帮助企业用户提高对云计算服务的信任，促进采纳行为。

②主要针对技术、组织和环境因素，提出促进企业用户采纳云计算服务的对策体系。本书从企业用户、云服务商、云服务产品、政府机构、社会环境等各个方面，提出促进采纳云计算服务的相应建设性意见，构建多维度的对策体系，以期能够促进企业用户采纳云计算服务，为云服务商推广云服务产品以及政府机构设计产业发展和扶持政策提供参考，从而推动云计算产业在我国健康快速发展。

1.3.2　研究方法

研究方法是分析问题和解决问题的工具和手段，其目的和意义在于从研究中发现新事物、新现象或者能够提出新的理论和观点。本书研究的企业用户云计算服务采纳行为问题，是一个综合性的课题，它融合了多个学科的内容和理论，因此本书将按照理论与实际相结合的原则，结合理论研究和实证研究，对企业用户云计算服务采纳的影响因素和采纳行为机理进行研究。具体研究方法包括：

（1）文献综述。

为了探索构建企业用户云计算服务采纳行为模型，参考借鉴了国内外相关领域的研究成果和研究方法。通过大量阅读国内外在云计算、创新扩散、用户采纳、意见挖掘等领域的相关文献，获取本书所需的必要背景材料和事实依据，在此基础上完成相应的文献整理和归纳，为初步形成研究模型框架提供支撑。

（2）访谈。

通过访谈可以为调查研究收集数据，是一种获取数据和信息的重要方法和途径。为了进一步完善企业采纳云计算服务研究假设的提出、提高研究问卷设计质量，在参与预调研的企业中，有针对性地选取了15家企业进行了访谈，深入了解这些企业对云计算服务的看法，以及影响其采纳云计算服务的因素。

（3）问卷调查。

问卷调查是管理科学中常用的研究方法。本书采用了开放式问卷和结构化问卷相结合的方法，为了尽可能准确地获取研究中所需要的变量，采用了开放式问卷的调查方式，通过对调查结果的分析，归纳出模型中可能存在的结构变量。为了找出关键影响变量和相互间作用关系，采用了结构化的问卷调查。针对企业用户云计算服务采纳行为模型的结构变量和观测变量所对应的指标，通过相应的结构化问卷调查，可以有效收集样本数据，并对模型的有效性进行检验。

（4）定性分析。

所谓定性分析，主要是指对研究对象进行“质”的分析。本书中的定性分析主要是通过对相关文献的理论进行分析，结合云计算服务的特点，构建企业用户云计算服务采纳行为模型，并对模型中结构变量的具体测量指标进行确定；构建云计算服务信任评价模型，对模型中指标体系进行确定。

（5）定量分析。

所谓定量分析，主要是指对研究对象进行“量”的分析，一般会运用数学方法，对研究对象之间的联系和作用进行分析。本书通过调研获取了大量的样本数据，运用 SPSS 22.0 和 AMOS 24.0 等专业统计分析软件对样本数据进行因子分析、回归分析、单因素方差分析、结构方程模型等统计分析处理，并通过路径分析来检验采纳模型中结构变量的因果关系，修正模型，对研究假设进行检验。而在云计算服务信任评价机制中，本书通过数据挖掘分析和对比研究，验证评价机制的有效性。

1.4 技术路线

本书以企业用户云计算服务采纳行为为研究宗旨，以云计算服务采纳关键影响因素分析为导向，利用多种研究方法，分析了影响云计算服务采纳的技术类因素、组织类因素、环境类因素以及信任因素与企业用户云计算服务采纳行为意向之间的关系，构建了企业用户云计算服务采纳行为模型并提出研究假设，随后对采纳模型进行实证分析和假设检验。根据实证研究结果，提出相应的促进企业用户采纳云计算服务的机制与对策体系。其中，针对采纳过程中的信任问题，提出了一种能有效促进企业用户采纳行为的云计算服务信任评价机制。针对技术、组织、环境等影响因素，提出促进企业用户采纳云计算服务的多维度对策体系。本研究遵循的技术路线如图 1－1 所示。

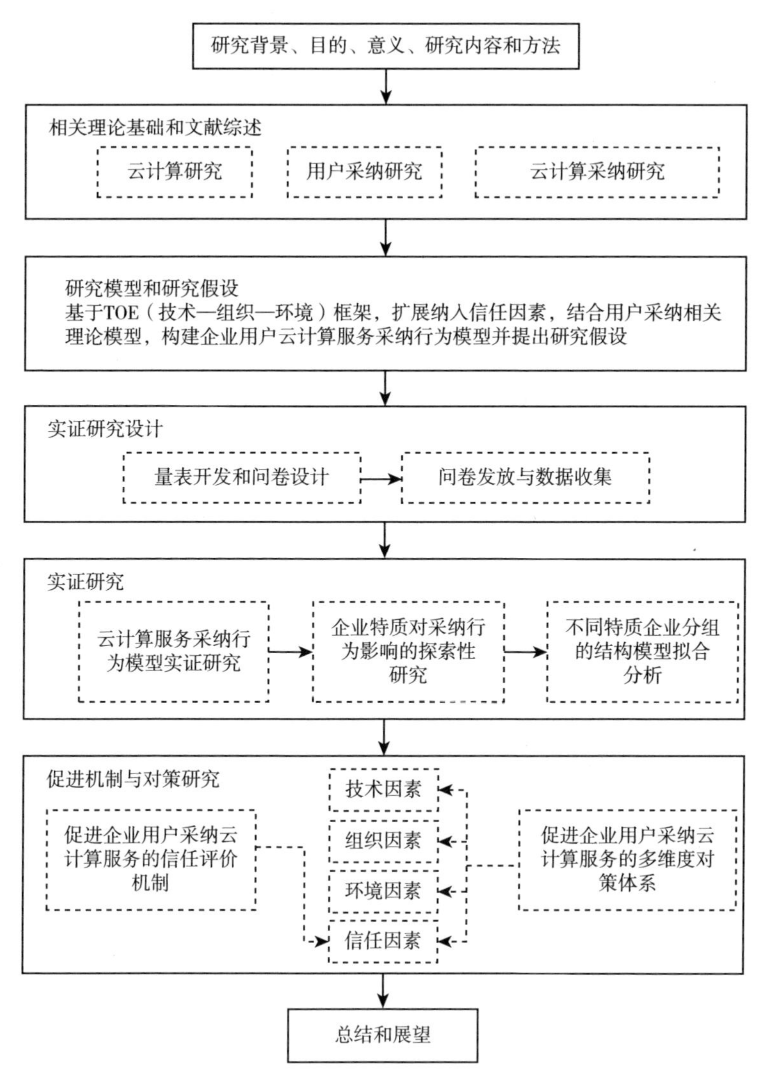

图1-1 本书技术路线

1.5 研究创新

本书在以下方面开展了创新性的研究：

(1) 扩展和修正了传统的技术—组织—环境理论框架（T-O-E），将其拓展至云计算服务领域，通过融合创新扩散理论、理性行为理论、计划行为理论、技术接受模型等用户采纳理论以及制度理论，将传统的技术采纳和全新的云计算服务技术相结合，并创新引入感知云服务商品质和感知信息安全程度这两个云计算服务特有的信任因素，构建了企业用户云计算服务采纳行为模型，一方面丰富了技术—组织—环境研究框架，另一方面也完善了云计算服务采纳研究体系。

（2）将企业特质作为控制变量引入企业用户云计算服务采纳行为模型的研究中，分析了企业特质对用户采纳云计算服务意愿的影响，并从企业特质的角度出发，进行了分组研究和模型拟合，通过比较研究，明晰了不同企业特质对企业用户云计算服务采纳行为意愿的影响，提高了该模型的准确程度，扩展了该模型的应用范围。

（3）创新性地提出一种基于 D－S 证据理论和网络评论信息的云计算服务信任评价机制，通过分析网络评论的文本情感，挖掘有价值的信息，判断用户对云计算服务的信任程度，有助于减少和消除云计算服务采纳过程中的信息不对称问题，提高用户对云计算服务的感知信任，从而帮助和促进企业用户选择和采纳云计算服务。本书首次将基于 D－S 证据理论的意见挖掘方法应用到云计算服务信任评价和采纳的研究领域。

（4）比较系统地提出了促进企业用户采纳云计算服务的多维度对策体系。本书分别从采纳云计算服务的企业用户、提供云计算服务的供应商、云计算服务产品和期望推动云计算产业发展的政府部门等不同维度，有针对性地提出了建设性的原则、意见和对策建议，对于促进企业云计算服务采纳，推动云计算产业发展有积极的现实意义和实践价值。

1.6 本书结构

本书的主体框架如下所示。

第 1 章：绪论。本章介绍企业用户云计算服务采纳行为研究的背景、目的和意义。阐述了全书的研究思路和研究方法，并指出研究中的创新点，列出本书的结构和主要内容。

第 2 章：相关理论基础与文献综述。本章针对企业用户云计算服务采纳，首先介绍了云计算服务的相关研究情况，包括云计算的定义、云计算的模式分类、云计算的特点和云计算的研究现状。其次介绍了用户接受与采纳的理论和研究情况。最后介绍了云计算服务采纳行为的研究现状，包括基于主客体的采纳行为研究、基于理论模型分类的采纳行为研究等。

第 3 章：企业用户云计算服务采纳行为影响因素及模型的构建。本章主要是提出研究假设和构建研究模型。首先，做了一个简单的开放式问卷调查和访谈，初步调研了企业云计算服务采纳的可能影响因素，然后，基于第 2 章的理论分析，提出了本书的研究假设，结合初步调研和前人理论研究，确定采纳影响因素，并建立了企业用户云计算服务采纳行为的研究模型。后续将对本章提出的研究假设进行验证。

第 4 章：企业用户云计算服务采纳行为实证研究设计。本章主要基于第 3 章提出的研究模型和研究假设，进行量表的编制和问卷的设计开发。依据问卷设计的一般步骤和原则，参考前人研究中被证实有效的一些成熟量表，结合研究模型进行量表开发，并根据专家的意见进行多次修改，最终确定初始量表。对初始量表在小范围内进行预测试，通过信度和效度分析确定量表的有效性，根据分析结果作相应修改从而生成最终的正式问卷，以便于下一步的实证研究和分析。

第 5 章：企业用户云计算服务采纳行为实证研究。本章对调研数据进行分析，并对第 3 章提出的假设模型进行验证。包括对数据的描述性统计分析，信度和效度分析，用结构方程模型进行分析和对假设进行检验，用多元回归和单因素方差分析研究企业特质对采纳意愿的影响，对不同特质企业进行分组结构模型拟合，最后对结果进行分析和讨论。

第 6 章：促进企业用户采纳云计算服务的信任评价机制研究。本章针对云计算服务采纳过程中的信任影响因素，探索性地提出了一种基于 D－S 证据理论和网络评论信息的云计算服务信任评价机制并进行实证研究。以期减少和消除云计算服务采纳过程中的信息不对称问题，提高用户对云计算服务的感知信任，从而帮助和促进企业用户选择和采纳云计算服务。

第 7 章：促进企业用户采纳云计算服务的对策体系研究。本章根据对企业用户云计算服务采纳影响因素研究的结果分析，从企业用户、云服务商、云服务产品、政府机构、社会环境等各个方面，提出相应的对策和建设性的意见。以期能够促进企业用户采纳云计算服务，为云服务商推广云服务产品以及政府机构设计产业发展和扶持政策提供参考，从而推动云计算产业在我国健康、快速发展。

第 8 章：总结与展望。本章是全书的最后一章，总结了本书的研究内容和研究结论，并针对研究中存在的问题与不足，探讨了进一步的研究方向。

第2章　相关理论基础与文献综述

2.1　云计算服务相关研究

云计算（cloud computing）技术发展至今已经在全球范围内得到应用，各种云计算服务产品正不断被推出，政府对云计算的扶持政策也纷纷落地。作为一种新型的服务，云计算正在渗透到各种生产工作和商务应用乃至人们的日常生活中。国内外许多领域的专家和学者对云计算服务从各种不同的角度进行了研究，推动了云计算服务的发展。本书着眼于企业用户对云计算服务的采纳行为研究，在此将先对学者对云计算服务的定义、模式和特点的研究进行梳理和总结，以便后续章节开展进一步研究。

2.1.1　云计算的定义

云计算是一种创新的服务模式，它的核心特点是共享。谷歌公司在2006年首次正式提出该概念，并迅速引起学术界和产业界的关注与讨论。云计算是信息技术产业的发展趋势，它不但具备现有信息技术的优点，也融入了按需分配和弹性扩展等新技术优势，从本质上颠覆了现有信息技术的运用模式，用户以全新的方式获取所需软硬件资源，引发了信息技术产业全新的商业服务模式。

云计算在学术界和业界并没有一个统一的定义，许多学者在研究中都给出了各自的解释，一些研究机构和公司也根据自身的需要对云计算的概念进行了相应的解读。

美国国家标准技术局（NIST）曾对云计算给出一个接受度较高的解释：云计算是一种模式，能够实现无处不在、方便、按需地通过网络访问可配置计算资源（如网络、服务器、存储空间、应用程序和服务等）的共享池，这些资源可以通过最少的管理工作或服务提供商交互进行快速配置和发布。

中国工业和信息化部在《云计算白皮书（2012年）》中给出的定义与NIST给出的定义类似，着重强调了云计算是一种信息处理方式，通过分布式计算等技术，整合ICT资源，实现大规模计算。

Loukis等提出："云计算是一种并行与分布式的系统，它将众多虚拟计算机互相联结在一起，并使用协议，根据用户动态的需求，对软硬件资源进行动态配置，云计算提供商据此将资源使用权限分配给用户。"

Senarathna等认为："云计算是一种通过网络提供的扩展性灵活、质量可靠、按需定制、成本较低的计算服务，用户可以通过各种不同的上网渠道来获取。"

Huber等认为云计算本质上就是一种分布式计算模式，但其目的是向用户提供可被快速访问的服务，这种云上的服务根据用户需求可以动态进行扩展，服务模式也根据不同需求可分为基础设施即服务、平台即服务、软件即服务等不同的类型。

Ahmed等学者也类似地提出云计算是一种利用互联网络将软硬件等计算资源以服务的形式提供给用户的模式，并可以实现对大数据的管理和应用。

Li和Marston等指出云计算是一种商业服务模式，云计算本身就是一种服务。这种服务主要通过虚拟化技术，实现资源动态配置，用户可按需获取软硬件等各种计算资源。

李开复认为云计算服务是以互联网为中心的服务模式，用户可以任何方式通过互联网来访问云服务所提供的存储、计算能力等各种资源，并依靠可信的标准访问协议来保证服务的安全。

网格计算（Grid Computing）之父Ian Foster认为云计算和网格计算两者可以被认为是等同的，两者的目的其实是一样的，都是为了改变计算机的使用模式，用户不再需要自行购买和操作，而仅须向第三方索取服务，这种模式可以极大地提高计算的灵活性和可靠性。

全球知名的信息咨询公司Garter将云计算定义为一种计算模式，具有大规模可扩展的IT计算能力，可以通过互联网以服务的形式传递给最终客户。

IBM在其云计算2.0白皮书中将云计算定义为一个大型的虚拟化资源池，用户可以通过互联网访问该资源池并相应地以服务的形式获取其中的资源。

CISCO公司也类似地提出云计算是一个利用虚拟化技术实现的资源整合平台，通过互联网络来提供规模化的信息和通信技术应用。

由此，我们可以发现，不同的学者、研究机构和业内公司对于云计算并没有一个统一的定义和解释，但是基本上，大家对云计算的看法有很大的一致性，只是在某些特定的范围和领域内有各自的不同见解。这主要是因为云计算服务本身具有多种不同的形式，而各种云计算服务都有自身的不同内容和特征，要用一个统一的定义把所有这些不同类型的云计算服务都涵盖在内是很困难的，也没有必要，所以一般在定义云计算的时候往往都是描述那些云计算服务的共性特征并根据各自的需求融合不同模式的特定内容来给出一个相对全面的解释。

2.1.2 云计算服务的模式和特点

通常来说，云计算服务是依托于互联网向客户提供个性化的服务，这种服务模式可以按需要弹性地给客户提供软硬件资源和信息，深受用户青睐，近几年几乎所有的电信运营商和网络服务供应商都已经开始涉足并提供云计算服务。目前大多数学者在学术研究中都认可将云计算服务的模式按部署方式和功能类型进行分类。

按照不同的部署模式，云计算服务模式可分为私有云、公共云与混合云三类。(1) 私有云一般也可以称为内部云，在业内有时也称为企业云，因为它是单独为某个企业或者组织而搭建架构的，企业和组织掌控私有云的基础设施，通常部署在企业内部的防火墙后，也可以部署在第三方的安全主机托管场所。(2) 公共云一般也可以称为公有云，它是由第三方云计算服务提供商以服务形式提供给用户使用的云，其特点是资源服务的共享，使用成本相对低廉，接入公有云的方式一般都是通过 Internet 互联网。目前公有云服务最为普遍，大多数云计算服务提供商都为客户提供公有云服务。(3) 混合云从名字就可以看出它是私有云和公共云结合的产物，是当前云计算服务发展的方向之一。混合云融合私有云和公共云的特点，混合部署私有云和公有云，既可以将数据存放在私有云中保证安全性，也可以获取公共云的大规模计算能力，从而获得较好的使用效果。

而按照不同的功能类型，云计算服务的模式可分为 IaaS、PaaS、SaaS 三类（见图 2-1）。(1) IaaS 是指基础设施即服务，云计算服务商提供给用户的服务是底层的云计算基础设施，包括内存、硬盘存储、中央处理器以及网络等计算资源，这些资源包括软件资源，但主要是硬件资源，因此 IaaS 又被称为硬件即服务（hardware as a service，HaaS）。(2) PaaS 是指平台即服务，它提供了一种基于平台的集成解决方案，有时候也被称为中间件。PaaS 服务商在云计算基础设施上部署用户开发全功能产品或服务所需要的语言工具、数据库、操作系统、Web服务器等组件或软件子系统，用户通过互联网获取该平台。（3）SaaS是指软件即服务，是一种创新的软件应用模式，它通过互联网提供集中托管的应用程序。SaaS应用有时候也被称为基于Web的软件，因为所提供的软件都运行在SaaS服务商的服务器上。使用SaaS服务，用户无须安装和维护软件，一般都只需要使用Web浏览器通过互联网访问即可，从而将用户从复杂的软硬件管理中解放出来。

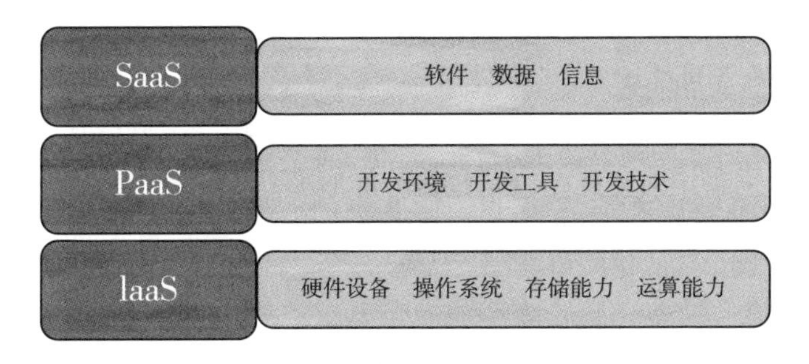

图2-1 云计算服务的三种服务模式

不同的云服务商提供不同的服务资源，它们的目标客户也有所区别。IaaS服务商由于提供的服务主要是云计算基础设施，所以它们的目标客户主要是政府部门和企业等机构客户，PaaS服务商提供的主要是开发平台，所以其客户大多是一些软件开发人员和软件公司，SaaS服务商提供的是应用软件服务，他们的客户除了企业外还有不少个人用户。

云计算服务具有多种类型和模式，它们的特点会影响用户的采纳行为，为便于后续章节更好地开展研究，本节在此对云计算的特点进行梳理和总结。

美国国家标准技术局针对云计算服务总结了以下几条基本特征：（1）按需自助服务。消费者无需联系云服务商，即可单方面在需要时自动获取云计算能力，包括服务器、网络以及存储能力等。（2）便捷多样访问。用户可以通过互联网络在任何时间和地点便捷地获取云计算服务资源，手机、个人电脑、便携计算机都可以成为访问客户端。（3）虚拟资源池。在云计算服务中，提供的各种资源在形式上是虚拟资源池，共享包括网络、服务器、存储等资源。（4）灵活性和弹性。云计算服务所提供的计算资源并不是固定不变的，它可以根据需要弹性地进行分配，也可以灵活地进行自动伸缩。

2010年，由Cisco、IBM、VMware、Sun等公司发布的“开放云计算宣言”中，对云计算的一些主要特征做出了相关的描述，包括云计算提供的服务资源是动态可扩展的；云计算资源和服务的使用成本是相对低廉的；云计算通过计算机集群提供巨大的计算能力和存储能力；云计算的形式包括私有和公有等不同类型。

国内外很多学者也对云计算的特征进行了总结，如刘鹏提出云计算具有超大规模、虚拟化、高可靠性、通用性、高可扩展性、按需服务等几大特点。Wang等对包含云计算和全局计算在内的多种计算模式进行了比较，归纳出云计算具有界面友好、按需配置服务资源、服务质量保证、独立系统、可扩展性和灵活性等几大特点。Humphrey等总结了云计算的几个特征，包括虚拟化资源池、互联网访问、按需分配、可伸缩等。

从以上分析可以看出，云计算服务的一些普遍特征主要包括：（1）计算能力强大；（2）网络访问便捷；（3）按需分配服务；（4）高可扩展性；（5）成本相对低廉。

2.2 用户采纳行为相关理论

用户接受理论是当前信息科学中备受关注的前沿课题之一，对于互联网络产品的用户体验设计有相当重要的指导意义。该理论始于20世纪80年代末期，当时有学者提出了"用户接受信息技术"的概念并逐渐受到研究者的关注。用户接受理论希望能够解释为什么用户会乐于采纳某一种新的产品或者技术，这种采纳行为受到哪些因素的影响，基于此，用户接受理论研究的最终目的是要从理论上找到评价某种产品或者技术的有效方法，该方法能够帮助我们预测用户对新产品和技术的反应和接受程度，从而有可能通过改变产品和技术的特性或者实施方法来促进用户对产品和技术的采纳。

2.2.1 理性行为理论（TRA）

理性行为理论（theory of reasoned action，TRA）是起源于社会心理学领域的一个模型，它是1975年由Martin Fishbein和Icek Ajzen等提出的，该理论假设所有用户都是理性的，在这一前提下分析个体态度对行为的影响。该理论主要用于解释人类行为中态度和行为之间的关系，根据个体的态度和行为意向预测个体的行为。图2-2描述了TRA的理论模型。

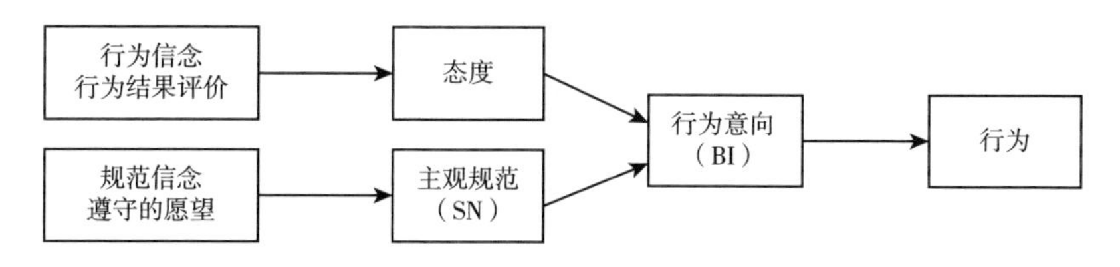

图 2-2　理性行为理论（TRA）

TRA 最核心的观点就是：行为意向 = 态度 + 主观规范。根据该理论，个体的行为是受到个体的行为意向影响的，行为意向是指个体打算做出某一行为的意愿程度，它受到态度和主观规范两个因素的影响。态度是一种情感，它描述了个体对某一事务感情是积极的还是消极的，正面的还是负面的。而个体对待行为的态度是由他对这种行为后果的信念和他对这种行为后果的评价决定的。此外，个体的行为意向还取决于个体的规范信念和遵守规范的愿望所决定的主观规范，通俗地说就是个体在决定进行某个行为时感受到的社会压力。

理性行为理论还认为所有其他能够影响个体行为的因素都只能通过影响态度或者主观规范发挥间接作用。这些其他因素被称为外部变量，比如任务的特征、用户特征、政治影响、组织结构等。

2.2.2　计划行为理论（TPB）

计划行为理论（theory of planned behavior，TPB）是 1985 年由 Ajzen 提出的，该理论是理性行为理论（theory of reasoned action，TRA）的延伸。根据 Ajzen 的观点，个体的行为并非完全自愿，有时还会受到实际控制条件的制约。因此，他在模型中增加了一个因素，即感知行为控制（perceived behavior control，PBC）。图 2-3 描述了计划行为理论。

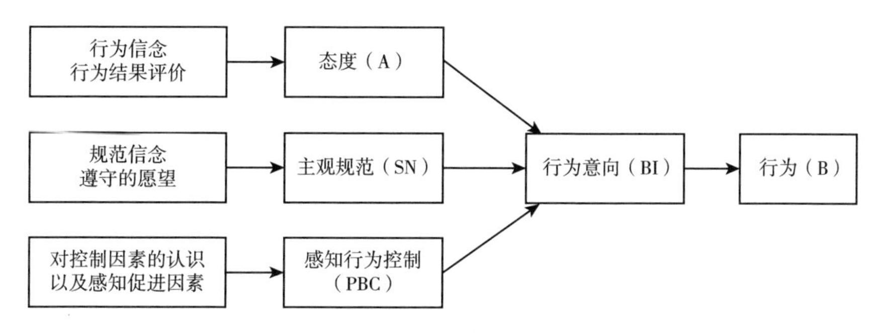

图 2-3　计划行为理论（TPB）

模型中使用了态度、主观规范和感知行为控制三个因素来解释对行为意向的直接影响，行为意向又进而影响行为。其中态度和主观规范的概念与理性行为理论中一致。感知行为控制是指个体预期在决定进行某种行为时，个体自身感觉可以控制的程度或者说感觉进行该行为的难易程度，它由个体对控制因素的认识和感知促进因素所决定。

2.2.3 创新扩散理论（DOI）

创新扩散理论（diffusion of innovation，DOI）是美国学者 E. M. Rogers 提出的。创新扩散理论尝试解释为什么一个新服务，即使知道有很多显著的优点，但要尝试去接受它却可能是非常困难的事。当人们试着要去接受一项新事物时，需要一段时间来说服自己去接受新产品或新服务。因此，创新、接受以及扩散三者之间的关系是息息相关的。DOI 模型如图 2－4 所示。

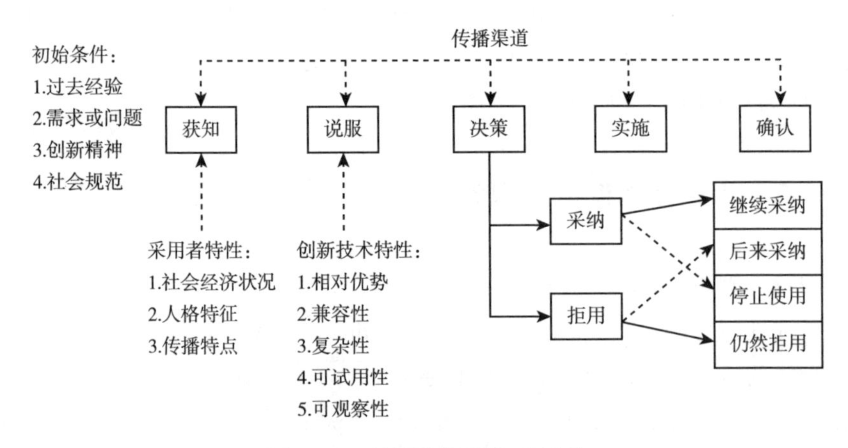

图 2－4 创新扩散模型（DOI）

Rogers 认为决策者在决定某一创新时不是一蹴而就的，而是必然会有一系列的决策环节和过程。在这一系列的决策环节和过程中，有五个所谓的创新技术特性会对采纳创新态度产生影响。这些关键特性包括：（1）相对优势（relative advantage）：认为某项创新优越于它所取代的旧概念的程度；（2）兼容性（compatibility）：认为某项创新与现有需求的相容程度；（3）复杂性（complexity）：创新被认为难以了解或使用的程度；（4）可试用性（triability）：创新被认为可试用的程度；（5）可观察性（observability）：创新被采用后，其结果能够被观察和讨论的程度。

2.2.4　技术接受模型（TAM）

技术接受模型（technology acceptance model，TAM）是1989年Davis在采用TRA理论研究IS的用户采纳情况时根据研究需要所提出的，该模型的初衷是希望能解释哪些因素决定了计算机被广泛接受。通过该模型可以看到，外部变量会对用户的内部信念（感知有用性和感知易用性）产生影响，进而影响用户的想用态度和行为意向，最终会导致用户的实际使用情况。该模型如图2-5所示。

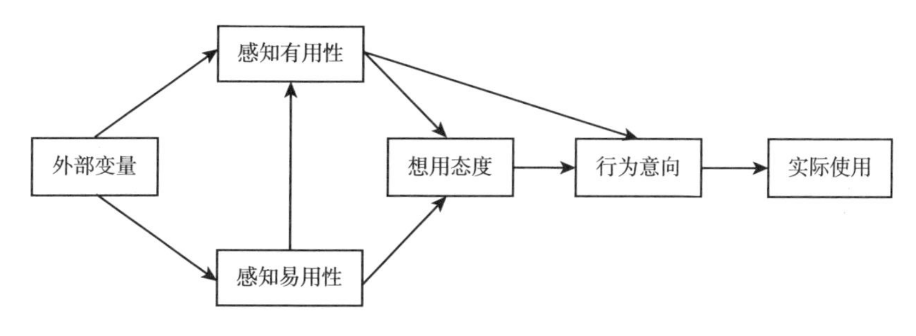

图2-5　技术接受模型（TAM）

技术接受模型TAM是对理性行为理论TRA的改进和调整，可以非常有效地用来解释用户对信息技术的接受行为。Davis发现技术采纳行为意向主要受想用态度的影响，而主观规范并没有起到显著的影响作用，因此在模型中去掉了主观规范，并引入两个重要的影响因素，感知有用性和感知易用性。感知有用性指的是用户认为某个产品或某项技术对他来说的有用程度，感知易用性指的是用户在使用某个产品或某项技术时感受到的难易程度。

2.2.5　技术采纳与使用整合理论（UTAUT）

技术采纳与使用整合理论（unified theory of acceptance and use of technology，UTAUT）是Venkatesh等在2003年提出的，该理论主要是通过对前期研究中用来解释用户对信息系统采纳行为的八个模型进行整合而形成的，包括理性行为理论（theory of reasoned action）、技术接受模型（technology acceptance model）、动机模型（motivational model）、计划行为理论（theory of planned behavior）、复合的TAM与TPB模型（a combined theory of planned behavior/technology acceptance model）、个人计算机使用模型（model of personal computer use）、创新扩散理论

(diffusion of innovations theory) 以及社会认知理论 (social cognitive theory)。

该模型旨在解释用户采纳信息系统的行为意向和后续使用的行为，主要包含四个关键结构，分别是绩效期望 PE、付出期望 EE、社会影响 SI 和配合情况 FC，其中，绩效期望是个人感觉使用信息系统对其工作带来帮助的程度。付出期望是个人感觉使用新信息系统需要付出多少努力的程度，社会影响是个人感觉应用新信息系统后受周围群体的影响程度，配合情况是个人感觉在使用新信息系统的过程中组织在技术和设备等方面所给予的支持程度，如图 2 - 6 所示。

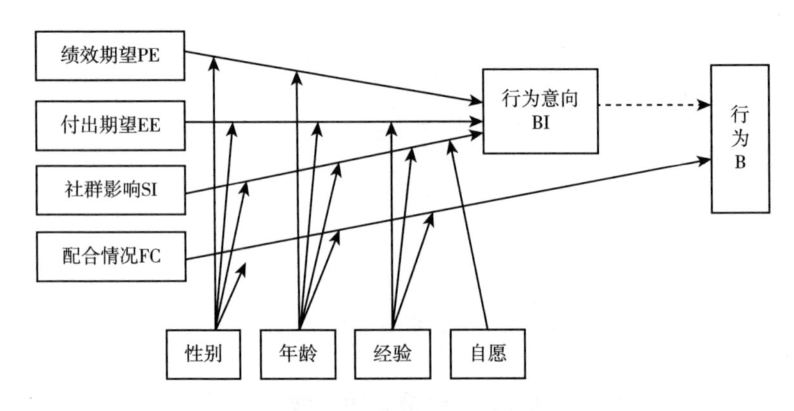

图 2 - 6　技术采纳与使用整合理论模型 (UTAUT)

模型中前三个因素是行为意向的直接决定因素，第四个因素配合情况是用户行为的直接决定因素。性别、年龄、经验和自愿被设定为调节四个关键结构对行为意向和行为的影响。

2.2.6　技术—组织—环境模型 (TOE 框架)

技术—组织—环境 (technology - organization - environment, TOE) 框架是由 Tormatzky 和 Fleischer 在 1990 年首次提出的一个高度概括性的研究框架。该框架最初在创新扩散理论的基础上进行完善，强调信息技术本身的特征对用户采纳信息技术的影响，在后来的逐步发展中，框架中开始考虑组织和环境等因素对技术采纳的影响。TOE 框架在关于信息技术扩散和采纳的研究领域中被广泛使用，许多学者通过应用该研究框架分析组织对某项创新的采纳行为，成功取得了一定的研究成果。

TOE 研究框架本质上是一个开放的研究框架，它比较适合用于研究企业和组织对创新的采纳行为，在这个研究框架中，所有对组织采纳创新产生影响的因素被划分为三个维度，也就是技术维度、组织维度和环境维度。因为是一个开放的研究框架，在每个维度中并没有固定设定具体的因素和变量，不同的研究者可以根据所研究对象的实际情况，自由结合其他的理论和模型来设定所需要的研究因素和变量。从大量研究者的研究结果来看，一般来说，技术维度中，我们通常会考虑设置相对优势、技术兼容性、可试验性、可观察性和复杂性等因素；组织维度中，我们通常会考虑设置企业管理模式、企业信息化程度、管理层态度、企业文化、资源就绪程度、企业组织架构等因素；环境维度中，我们通常会考虑设置组织外部环境中的一些影响因素，如市场环境、政府政策、竞争者、强制压力、潮流压力、模仿压力、规范化压力等。但这些因素的设置并不是固定的，需要研究者根据实际情况进行修改和设定，许多信息技术采纳的研究都证实了这个研究框架的有效性。

2.2.7　制度理论

制度理论（institutional theory）是现代组织理论的一种，最早由 Selznick 在 1949 年提出，该理论认为一些不可控的影响因素会对组织的行为产生影响甚至改变组织的决策。Dimaggio 和 Powell（1991）对该理论进行了完善和补充，认为所有组织都是处在一个制度环境当中，不可避免会受到各种来自内部和外部的压力影响，他们提出了包括强迫机制、模仿机制和社会规范机制在内的三种会对组织行为产生影响的机制。其他学者也在该领域做了相应的研究，如 Abrahamson 提出了与模仿机制有关的潮流压力理论。

研究者在使用 TOE 框架研究信息技术采纳行为时，通常会结合制度理论来考虑设置环境维度影响因素。基于制度理论中三种对组织行为产生影响的机制，许多研究者将企业采纳创新时受到的环境类影响因素归纳为强制压力、模仿压力和规范化压力三种。强制压力一般指的是行业内某企业垄断了某一项关键的资源，而其他企业因为必须依赖该资源而受到的压力。模仿压力一般是指行业内的先动企业因采用某项创新而取得经济效益，其他后动企业往往会跟随模仿。规范化压力一般是指处于协作关系中的企业，因其中某企业采用了创新技术后，为维持原有协作关系，其他企业也需要采纳该创新技术的压力，另外如来自行业协会要求统一采纳某些标准或技术创新的压力也属于规范化压力的范畴。

2.3 云计算服务采纳行为研究现状

云计算服务采纳行为是指个人或企业用户决策是否采纳云计算服务的行为。对于云计算服务采纳行为的研究，一般可以从采纳行为的影响因素和采纳行为的过程方法这两个维度展开。而基于这两种维度的研究也会有所交叉，研究中往往都会涉及采纳行为的主客体、采纳行为的理论依据和采纳行为的影响因素，本书在此分别从这三个方面对现有的云计算服务采纳行为研究进行梳理和总结归纳。

2.3.1 基于采纳主客体的云计算采纳行为研究现状

2.3.1.1 对采纳主体的研究分析

云计算服务采纳行为研究中的采纳主体是指采纳云计算服务的个人用户以及采纳云计算服务的企业和组织用户，不同的采纳主体有不同的采纳需求，对云计算的认知也不同，会受到不同的因素影响，采纳主体本身的特征也各有区别，这些都会对采纳行为和决策产生不同的影响，因此在研究云计算服务采纳行为之初首先要分辨采纳主体的类型。根据对现有研究的梳理和分析，当前云计算采纳研究中的主体从大类来看，主要包括企业、政府部门、社会组织、个人等，有的研究则将主体进一步细化，如高新企业、中小型企业、医院、大学生、企业管理者等。

（1）将企业作为采纳主体，如 Seethamraju（2015）基于供应商和业务匹配度等因素研究了中小企业对 SaaS 的采纳行为；Narasimhan（2011）研究了已经采纳云计算服务的企业，认为企业在使用云服务过程中注重安全性、灵活性、集成度和管理难度等因素；Neves（2011）认为中小企业在采纳云计算服务中会考虑政府政策、经济环境、社会环境、技术优势等因素；Cho（2013）研究认为企业核心和非核心业务在上云过程中会受到公司管理层态度、企业战略、服务提供商等因素的影响。

（2）将政府部门及其他组织作为采纳主体，如 Shareef（2013）研究认为政府部门在采纳云计算服务时会受到基础设施水平、法律法规、信息化水平、政策规划等因素的影响；Luo（2012）就图书馆采纳 SaaS 云服务的优势和劣势做了对比研究；Ratnam（2014）研究表明医院在采纳 IaaS、SaaS 等云服务时会受到系统安全性、系统集成度、系统利用率等因素的显著影响；Yuan（2012）研究了科研机构对云计算的采纳行为，认为网络化、成本和弹性是重要的影响因素；Kusnandar（2013）研究认为医疗机构在采纳云计算服务时会受到组织文化、运营成本、利益相关者以及创新扩散要素的影响。

（3）将个人作为采纳主体，这部分的研究成果相对较少，主要原因是针对个人的云计算服务发展较晚，现有研究中，Shin（2014）的研究表明个人用户在采纳 IaaS 时会受到存储容量、费用成本和稳定性等因素的影响；Park（2013）的研究表明个人在采纳 Google Doc 云服务过程中会受到个人创新精神、感知成本、环境压力等因素的显著影响；Nguyen（2014）研究了学生群体采纳教育云的行为，认为其会受到期望绩效、个人创新精神和娱乐性等因素的影响。随着个人云应用的普及，相信该领域今后也会成为研究的一个热点。

2.3.1.2 对采纳客体的研究分析

云计算服务采纳行为研究中的采纳客体从广义上来说就是云计算或者云计算服务，因为云计算本身就是一种服务，所以在很多研究文献中将云计算等同于云计算服务或者云服务。而从狭义上来看，云计算服务还可以按不同的分类标准来进一步进行细分，如按照服务模式，可将云计算服务分为基础设施即服务 IaaS、平台即服务 PaaS 和软件即服务 SaaS。按照云计算服务的部署方式不同，可将云计算分为私有云、公共云和混合云三类。按照云计算应用的不同行业，又可以将云计算分为医疗云、教育云、金融云等众多细类。在这些细分的云计算服务中，对于软件即服务 SaaS 的采纳行为研究明显要多于针对 IaaS 和 PaaS 的采纳行为研究，特别是鲜有针对 PaaS 的采纳研究。这说明目前大多数用户采纳云计算服务都处于软件及服务的层面，这也是最容易被大众接受的云计算服务形式，同样这也说明 SaaS 的采纳过程中存在的问题更多，因此相应的研究也较为常见。对于公共云的采纳研究也是目前研究的一个热点，相对而言，私有云和混合云的采纳研究文献较少。Wu（2011）和 Wiebe（2011）等对私有云的采纳行为进行了一定的研究，还有些学者讨论了如何决策选择采纳公有云、私有云还是混合云，如 Hsu 和 Ray（2014）、Keung 和 Kwok（2012）等，他们的研究提出了一些用户可以参考的采纳模型。对于行业云的研究较为零散，因为行业云的种类太多，较为常见的如对医疗云的采纳研究和对金融云的采纳研究。其他在文献阅读过程中还发现对个人云的采纳行为研究呈上升的趋势，这也符合近年来个人云产品在市场上逐年增加的情况。

2.3.2 基于理论模型的云计算采纳行为研究现状

2.3.2.1 理论模型应用概况

现有研究中理论和模型包括技术接受模型（TAM）、技术—组织—环境框架（TOE）、创新扩散理论（DOI）、社会认知理论（social cognitive theory，SCT）、技术接受和使用整合理论（UTAUT）、理性行为理论（TRA）等。

其中，TAM使用次数最多，基于该模型，Tjikongo（2013）研究了发展中国家中小企业云计算服务采纳情况；Shin（2013）研究了政府公共部门的云计算服务采纳情况；Park（2014）针对移动云计算服务的采纳行为开展了研究；Opitz（2012）研究了德国信息技术部门的云计算服务采纳情况；Seo（2013）针对韩国B2B云计算服务（IaaS）提出了采纳探索模型；Behrend（2011）研究了社区大学对云计算服务的采纳行为；Ratten（2014）对中美两国的云计算服务采纳行为作了比较研究；Wu（2011）研究了企业用户对SaaS的采纳行为；Du（2013）研究了服务质量对云计算服务采纳的影响。

此外，TOE也是常用的研究模型，基于该研究框架，Rieger（2013）讨论了政府组织采纳云计算服务过程中基础设施、安全性、经济利益，政府法规（隐私、安全法规）等影响因素的作用；Hsu（2014）研究了价格机制对云计算采纳行为的影响以及云计算服务配置模式的选择；卢小宾等（2015）总结了技术、组织、环境以及个体因素对企业用户采纳云计算的影响；Kung（2013）认为企业用户在采纳SaaS过程中会受到感知复杂度、强制压力、规范压力、模仿压力等因素的影响；Nkhoma（2013）、Alshamaila（2013）研究了中小企业云计算采纳行为；Heart（2010）研究认为云信任、兼容性及云服务标准会影响企业用户采纳云计算服务；Low（2011）研究了高新技术企业的云计算采纳行为；邵明星（2016）在技术、组织和环境因素的基础上，扩展了风险因素对企业用户采纳云计算服务的影响；Oliveira（2014）对制造业和服务业的云计算服务采纳行为作了比较研究；Lian（2014）研究了发展中国家医院对云计算服务的采纳影响因素；Foster（2014）研究认为影响云计算服务采纳的重要因素包括复杂性、领导支持、安全、成本及组织能力等变量；Borgman（2013）研究了政府组织的云计算采纳行为；Lumsden（2013）研究认为相对优势、兼容性及组织高层支持会影响企业采纳云计算服务。

其他理论在现有云计算服务采纳的研究中出现较少，如Ratten（2012）基于

SCT模型研究了消费者企业家倾向和伦理倾向对云计算采纳的影响；Cegielski（2012）基于组织的信息处理理论研究了供应链中云计算采纳情况；Benlian（2011）利用TRA模型从经理的视角研究了SaaS采纳的机会和风险；Lawkobkit（2012）利用后期接受模型研究了基于IaaS的信息系统采纳行为。

从上述对现有研究的梳理情况来看，云计算服务采纳行为研究的理论基础还比较单薄，许多研究才刚刚开始，大部分的研究模型都是基于对传统信息技术采纳模型进行扩展，但是由于云计算服务有其特殊性，采纳的影响因素较为复杂，后续还需要结合多种理论模型来开展进一步的研究。

2.3.2.2 理论应用分析

通过对云计算服务采纳行为研究文献的梳理，我们发现被学者使用频率最高的理论模型是技术接受理论TAM模型。由Davis提出的这个模型被广泛应用在信息技术采纳的研究中，可以非常有效地用来解释用户对信息技术的接受行为。该模型对TRA进行了调整，去除了主观规范，引入两个重要的影响因素，感知有用性和感知易用性。相对而言，在现有对云计算采纳的研究中显示，感知有用性对云计算采纳行为的影响作用要高于感知易用性，Seo等的研究还提出感知易用性对最终的云计算采纳行为没有显著影响的观点。

在关于组织和企业的云计算采纳行为研究文献中，使用频率较高的是技术组织环境模型TOE，该模型实际上是一个研究框架，它将影响企业组织采纳行为的因素限定在技术、组织和环境等三个维度，研究者在这三个维度中可探索设定与研究吻合的观测变量，具体设置哪些观测变量可根据采纳主体、采纳客体以及采纳行为过程中的特点来研究探讨。不同的研究者和研究对象都会使观测变量的选择和设置产生差异。

云计算作为一种全新的信息技术和商业服务模式，影响其采纳的因素较为复杂，针对传统信息技术的采纳模型并不能完全解释和预测对云计算服务的采纳行为，现有的研究中大多数是采用对某个理论和模型进行扩展，或者融合多种理论模型的方法来构建针对云计算服务的采纳模型，但由于云计算的复杂性，模型的解释程度还不能令人满意，后续研究可以结合云计算服务的特点作进一步的深入探讨。

2.3.3 基于影响因素的云计算采纳行为研究现状

从现有研究文献来看，云计算服务采纳行为的影响因素较为复杂，为了更好地对这些影响因素进行梳理，本书以 TOE 研究框架为轴，从技术、组织、环境等维度对云计算服务的影响因素进行分类，并尝试进行分析和总结。

2.3.3.1 技术类因素分析

云计算作为一种新型的信息技术和创新的商业服务模式，具有计算能力强、虚拟化、高可靠性、通用性、高可扩展性、按需服务、可共享、弹性服务、接入便捷、低成本等特点和优势，能有效帮助企业实现信息化，因此在关于云计算服务采纳行为的研究中，技术类因素是较为常见的影响因素。从对现有研究文献的梳理来看，对于企业用户而言，云计算服务的弹性服务、按需服务、可扩展、低成本等特点是较为普遍的可促进采纳行为的影响因素，如 Repschlaeger（2013）的研究表明云计算服务的接入便捷性和可扩展性会对年轻的企业采纳云计算有正向影响；Rahman（2013）、Liu（2013）、Johansson（2013）、Abdulrahman（2014）等的研究均认为成本会显著影响企业采纳云计算的行为；Shen（2013）和 Rawal（2011）的研究均认为云计算服务的成本、稳定性和存储能力等技术因素会影响用户的采纳行为。但是，不同的企业在决策采纳云计算服务时，受到技术类因素的影响是有差异的，如安全性在许多研究中都被证明会阻碍企业用户采纳云计算服务，但 Scott（2010）和 Deniel（2013）等的研究却认为中小企业在决策采纳云计算服务时，云的安全性反而是一个促进采纳的因素。对政府机构和其他组织而言，对现有研究文献的分析显示，成本节约、安全性、共享性、可靠性、协同性等因素会显著影响对云计算的采纳。

2.3.3.2 组织类因素分析

对现有云计算服务采纳行为的研究文献进行梳理发现，针对企业和组织的采纳研究要明显多于针对个人的采纳行为研究，所以组织类因素也是在研究中较为常见的影响因素。管理层的态度、需求的迫切性、新技术与业务的融合等都是企业在采纳云计算服务时关注的主要因素，其他诸如信息技术能力、商业顾虑等因素也在一些文献中出现。如 Lian（2014）在研究医院决策采纳基于云计算的信息系统时，管理层的态度会显著影响采纳行为。国内的学者，如胡冬兰（2015）、梁乙凯（2017）、李品怡（2014）等也都在研究中证实高层态度会影响云计算采纳行为。Wang（2014）在研究中国台湾地区云服务商的服务策略时得出结论，企业用户是否采纳云计算服务取决于云计算对企业业务的迫切程度。对政府机构和其他组织而言，现有研究也同样表明领导的支持、组织资源的就绪程度等因素会影响对云计算的采纳行为。如李刚（2017）在研究基于云计算的电子政务系统采纳影响因素时，证实了政府部门领导的支持态度和组织资源的就绪程度会正向影响采纳云计算系统的行为。

2.3.3.3　环境类因素分析

所有组织和个人都是处在一定的社会环境当中，不可避免地会受到来自外部的各种环境因素影响，在云计算服务采纳行为研究中，环境类因素也是不可或缺的重要影响因素。从文献处理的情况来看，常见的环境类因素有主观规范和各种社会影响。主观规范是个体在决策某项行为时感受到的社会压力，这些压力可能来自企业的竞争对手，企业的合作伙伴，政府、行业协会等。许多学者如 Lu 等（2013）、Low 等（2011）、Shen 等（2013）、Nguyen 等（2014）、Iyer 等（2013）、Strebel 等（2011）都将主观规范作为云计算采纳行为的影响因素进行研究，并证实了其对采纳行为有显著影响。研究具体的社会环境影响的文献也很多，如 Oliveira 等（2014）在研究制造企业采纳云计算服务行为时，Lin 等（2014）在研究企业采纳云存储的影响因素时，都认为企业制度环境会对采纳行为产生影响。Shareef 在研究发展中国家实施基于云计算的电子政务系统时发现起主导影响作用的是政府的政策规划，Zheng（2011）在研究中国中小企业采纳云计算的机会和挑战时，发现法律风险会阻碍企业采纳云计算服务。Scott（2010）研究了环境安全对中小企业采纳云计算的影响，Heart（2010）在研究企业采纳 SaaS 服务时认为采纳行为会受到规范压力的影响。

2.3.4　云计算采纳行为研究评述

围绕云计算采纳行为的研究具有非常重要的社会价值和现实意义，通过分析影响用户采纳云计算服务的关键因素，找出用户采纳云计算服务行为的规律和机理，有助于云计算服务在企业中的普及和推广，促进我国云计算产业快速、高效、健康地发展。云计算采纳行为影响因素多样且复杂，既有促进因素也有阻碍因素，云计算服务采纳行为的规律和机理也尚未完全明晰。

从对现有云计算服务采纳行为研究文献的梳理和分析来看，云计算服务的采纳研究已经开始受到学术界的关注，对企业和组织的云计算采纳行为研究数量较多，也取得了一些有价值的研究成果，而对个人用户的云计算采纳行为研究较少，但近年来对个人用户的研究呈上升趋势，这与市场上针对个人的云服务产品逐渐增加有关，预计个人的云计算服务采纳行为会成为今后研究的一个热点。

从研究所采用的理论方法来看，无论是对组织还是对个人，研究者大多采用的都是对传统信息技术的采纳模型，并在此基础上对原模型进行改动和优化，但由于研究者对于云计算这种全新的技术和服务模式的特征关注不够，研究模型的针对性往往都有所欠缺。

在对企业用户的云计算服务采纳行为影响因素研究中发现，企业用户都较为关注商业信息的安全和企业隐私保护等方面的问题，但尚未证实这些因素对采纳行为的具体影响作用。许多研究结果对于用户采纳云计算行为规律的分析还不够完整和明晰，对于促进云计算采纳行为的对策分析也较为宽泛。

鉴于此，本书将采用 TOE 研究框架，结合用户采纳相关理论和模型，分别从技术维度、组织维度和环境维度出发，对影响企业采纳行为的影响因素进行分析讨论和归纳，并针对企业用户较为关注的安全和隐私等因素，在研究模型中单独设定维度进行研究，讨论他们的影响作用，构建有针对性的企业用户云计算服务采纳行为研究模型，相应地提出能够促进企业用户采纳行为的机制和对策体系。

2.4 本章小结

本章针对企业用户云计算服务采纳，首先介绍了云计算服务的相关研究情况，包括云计算的定义、云计算的模式分类、云计算的特点和云计算的研究现状。其次介绍了用户接受与采纳的理论和研究情况，包括理性行为理论、计划行为理论、创新扩散理论、技术接受模型、技术采纳与使用整合理论、技术组织环境模型及制度理论等。最后介绍了云计算服务采纳行为的研究现状，包括基于主客体的采纳行为研究、基于理论模型分类的采纳行为研究等。

第 3 章　企业用户云计算服务采纳行为影响因素及模型的构建

第 2 章已经对云计算服务采纳的相关理论和研究现状做了梳理和分析，为本书确定企业用户云计算服务采纳影响因素和构建采纳行为模型奠定了良好的理论基础。本章将在此基础上进一步构建企业用户云计算服务采纳行为研究模型并提出研究假设。

3.1　企业用户云计算服务采纳行为影响因素初步调查

为了让云计算服务采纳影响因素的确定和模型的构建更为科学合理，本章对企业用户云计算服务行为可能的影响因素作了一个初步的问卷调查和小范围访谈，其目的是对后面正式确定采纳影响因素和构建企业用户云计算服务采纳行为模型提供参考和支持。

3.1.1　调查对象和方法

3.1.1.1　调查对象

本次企业用户云计算服务采纳影响因素初步调查通过笔者工作所在地区的主要云计算服务提供商和政府商务主管部门，对云计算服务的企业客户和潜在客户进行随机选取，共发放问卷 120 份，其中无效问卷 12 份，有效问卷 108 份。此外，在问卷调查之后，我们还根据问卷调查的填写情况，选择了其中的 15 家企业进行了面对面的访谈，就可能影响企业采纳云计算服务的问题做了细致深入的交流。

3.1.1.2　调查方法

本次调查采用开放式问卷的调查方式。开放式问卷是一种无结构的问卷，所谓无结构是指设计人员在设计问题时并不设定可以选择的答案，而是让被调查者根据自己的意愿来回答问题，可以自由表达，没有任何限制。这种方法相对比较灵活，能调动被调查者的积极性；对于调查者来说，能收集到原来没有想到，或者容易忽视的资料。有时还可获得研究者始料未及的答案。这种方法的缺点是，被调查者的答案各不相同，搜集到的资料中无用信息较多，标准化程度低，资料的整理和加工比较困难，难以统计分析，同时可能因为回答者问题的能力差异而产生调查偏差。另外，开放式问卷答题相对来说要比结构化问卷来的麻烦，被调查者可能会因此拒绝填写问卷。

本次针对企业用户云计算服务采纳行为的影响因素，我们设计了三个问题：

（1）您的企业为什么会考虑使用云计算服务。

（2）您的企业在考虑使用云计算服务时有什么主要的顾虑。

（3）除了上述两个问题之外，您认为比较重要的影响因素还有哪些。

问卷中还设置了参加调查者职务和所在企业是否已经在使用云计算服务两个选项。要求参与调查者尽可能写出所有影响其采纳云计算服务的因素。对所有搜集到的有效问卷，我们采用人工阅读的内容分析法，对所有内容进行归类整理分析。

3.1.2 调查结果

在获取的108份有效问卷中，将所有影响因素按照促进云计算服务采纳和阻碍云计算服务采纳分为两大类，结合后期访谈的情况，将主要的影响因素罗列如下。

（1）促进云计算服务采纳的因素主要有：采用云计算服务成本较低、接入云计算服务比较灵活，系统扩展方便、社会上一直在宣传云计算，肯定是好的技术、周边用云计算服务的越来越多、政府对企业上云有优惠扶持政策、云计算服务提高公司的效率、很多云服务商提供免费服务。

（2）阻碍云计算服务采纳的因素主要有：感觉不安全，担心公司数据丢失或泄露、不放心公司数据被云服务商掌握、感觉云计算很复杂，不知道怎么接入云服务、公司信息系统很成熟，没有上云的需要、云服务商很多，不知道怎么选、系统上云后掌控度太低。

对于这些影响因素，我们发现，基本上可以将其归类到技术类的影响因素、组织类的影响因素、环境类的影响因素三大类。同时，我们也发现，企业用户非常在意信息安全的问题，很多企业表示对云计算服务缺乏信任。

3.2　企业用户云计算服务采纳行为研究模型

为了提高云计算服务的采纳率，识别云计算服务采纳行为的影响因素与作用机制便显得尤为重要。根据第 2 章对文献的梳理和分析，企业在决策采纳某种信息技术的过程中会受到多方面的因素影响，但是一般来说都会受到技术本身的特征、组织内部条件与社会外部环境特征的共同作用。

因此，本节将基于技术—组织—环境（TOE）框架，结合创新扩散理论、制度理论以及用户采纳相关理论来构建企业用户云计算服务采纳行为的研究模型。TOE 研究框架是研究信息技术创新扩散和采纳行为的常用方法，该研究框架把企业或组织在决策采纳某种新技术或者新产品时的影响因素分为技术、组织和环境三个维度。由于 TOE 研究框架本质上是一个开放的研究框架，在每个维度中并没有固定设定具体的因素和变量，结合创新扩散理论、制度理论以及用户采纳相关理论，不同的研究者可以根据所研究对象的实际情况，研究设置所需要的研究因素和变量。在技术维度中，我们通常会考虑设置相对优势、技术兼容性、可试验性、可观察性和复杂性等因素；组织维度中，我们通常会考虑设置企业管理模式、企业信息化程度、管理层态度、企业文化、资源就绪程度、企业组织架构等因素；环境维度中，我们通常会考虑设置组织外部环境中的一些影响因素，如市场环境、政府政策、竞争者、强制压力、潮流压力、模仿压力、规范化压力等。但这些因素的设置并不是固定的，需要研究者根据实际情况进行修改和设定，许多信息技术采纳的研究都证实了这个研究框架的有效性。

在前期对云计算服务采纳行为研究文献的梳理中，我们发现企业用户都较为关注商业信息的安全和企业隐私保护等方面的问题，云计算服务的技术特点会让用户感觉缺乏对数据和系统的掌控度，进而可能引起感知信任的降低，这有可能影响企业用户对云计算服务的采纳行为。因此，本文在设计企业用户云计算服务采纳行为研究模型时，在 TOE 研究框架技术、组织、环境三个维度的基础之上，针对企业用户云计算服务采纳行为的特点，对 TOE 框架进行扩展和修正，单独设置了信任维度，主要包括感知云服务商品质和感知信息安全程度等影响因素。

本书提出的企业用户云计算服务采纳行为研究模型如图 3－1 所示。

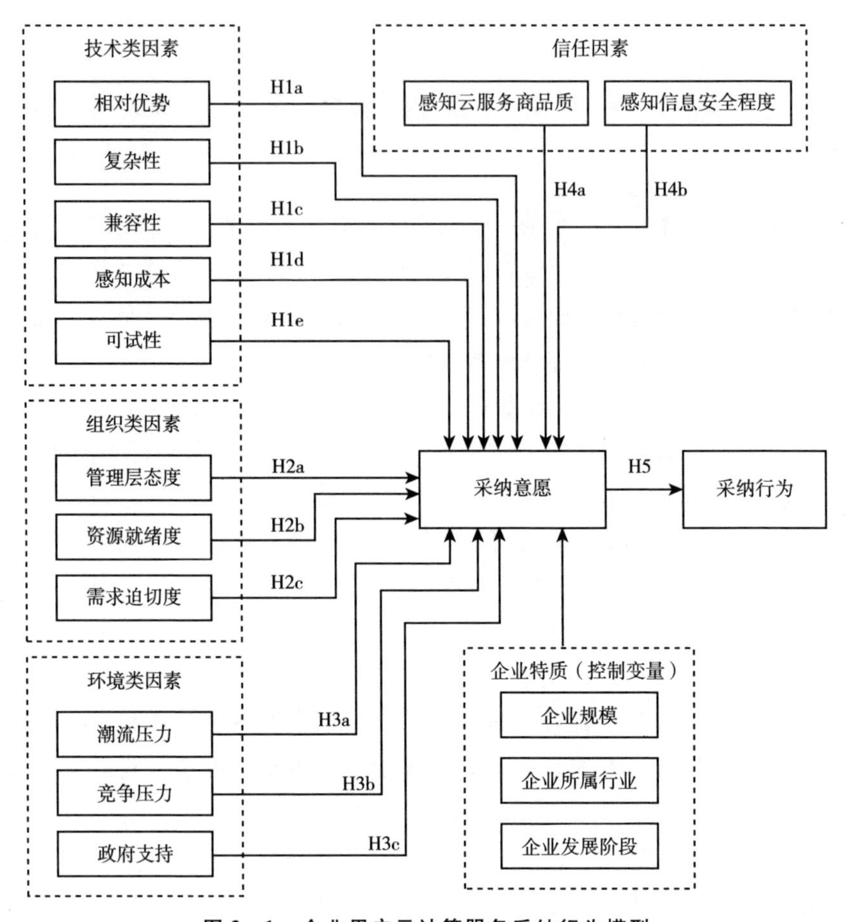

图 3－1　企业用户云计算服务采纳行为模型

3.3　企业用户云计算服务采纳行为研究假设

3.3.1　企业用户云计算服务采纳行为的技术类影响因素

一种新的产品和技术能否被个人、组织或者某个行业所采纳，其自身的特性和优势，也就是自身的技术因素起到了关键性的作用。关于技术因素包括哪些特性，前人已经做了充分的研究，给出了许多成熟的结论。其中比较被公认的一些结论包括：Rogers 在 DOI 模型中列举的相对优势、技术复杂性、兼容性、可试验性以及可观察性等五个关键影响因素；Tomatzky 在 Rogers 的研究基础上，又补充增加了成本因素、可沟通性、可分割性、收益、社会认可等五个关键技术因素。

其他学者后续在此领域也做了大量的研究，普遍认可 Rogers 和 Tomatzky 提出的观点。借鉴之前学者的研究结论，本书结合云计算技术自身的特点和开放式问卷调研中得到的结果，将相对优势、复杂性、兼容性、感知成本和可试性作为主要的技术因素进行探索，如图 3-2 所示。

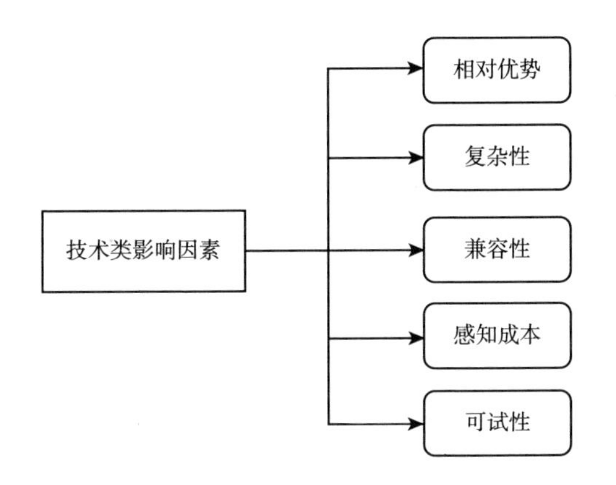

图 3-2　技术类影响因素模型

3.3.1.1　相对优势

所谓相对优势是指某种新技术或者新产品相对于被其替代的旧技术或产品的先进程度，该因素来自 Rogers 的创新扩散理论，在许多研究中，都会把这个因素作为首要的选择。但在不同的研究中，可能会采用不同的名称，在技术接受模型（TAM）中的感知有用性与相对优势的含义类似，技术采纳和使用整合理论（UTAUT）中的绩效期望也有同样的含义。

在研究云计算服务采纳行为时，我们认为这里的相对优势是指相较于被替代的传统信息技术产品或者服务，企业用户在采纳云计算服务后感受到的优势，云计算服务因其技术特性具有超大规模计算、弹性服务、高可扩展性、按需分配、接入便捷等传统信息技术所不具备的优势，但是，云端的不可控性等安全风险又使其相对优势下降。用户在判断云计算服务的相对优势时，会感知诸如企业运营的灵活性和可扩展性有没有增加、业务效率有没有提高、财务绩效有没有提升、企业收益有没有扩大等。但值得注意的是，这里的相对优势更多的是指企业用户感受到或者认识到的优势，而不是云计算服务客观上的技术优势。云计算服务的优势如果没有被潜在的企业用户感受到或者认识到，那么它即便客观上技术优势再突出，对于用户采纳来说也是没有用的。

国内外很多学者都对相对优势对创新采纳的影响开展了研究和验证，如 Simtowe（2016）、Price（2014）、Gorla（2017）、李刚（2017）、邱泽国（2014）、邵明星（2016）、赵玉攀等（2016），马永红等（2016）、梁乙凯等（2017）、蔡霞等（2017）、陶永明（2016）均研究验证了相对优势的影响。

因此，本书在这里提出如下假设：

H1a：相对优势与企业用户采纳云计算服务显著正相关。

3.3.1.2 复杂性

复杂性的概念来自Rogers的创新扩散理论，指的是用户在使用某项创新技术或产品时感受到的难易程度，技术和产品的复杂性越高，就越难以理解和把握，使用者就需要拥有更多的知识和技能，付出更多和努力来学习使用，从而导致创新技术被采纳的难度越高。许多学者都对该问题作了深入的研究，得出类似的结论，除了创新扩散理论中的复杂性之外，在技术接受模型（TAM）中，从感知到接受创新技术的难易程度的角度，提出了感知易用性的概念，在技术采纳和使用整合理论（UTAUT）中，从采纳某项技术需要付出的努力程度角度出发，提出了努力期望的概念，虽然概念的名称不同，但都与这里的复杂性表达了相同的含义。

云计算服务的复杂性一般是企业在部署和使用云计算服务时的难易程度，虽然云计算服务通常都可以被方便快速地安装和部署，并且用户通过互联网可以很容易对其进行访问和操作，但是在接触一种与传统信息技术使用模式有很大差别的新技术时，用户认识不足可能会引起主观畏难抵触情绪，甚至影响其对云计算服务复杂性的判断。同时，云计算全新的服务模式很可能会引起企业原有业务流程的改变，从而需要用户改变其对业务系统的操作方式，会使用户觉得采纳云计算服务并不一定是一种简便快捷的方式。一旦企业用户感觉云计算服务很复杂，就会认为需要付出大量的努力来掌握和使用这项新技术，甚至需要改变企业现有体系来对其进行适应和匹配，这会阻碍企业用户对云计算服务的采纳。一般来说，一项新技术的复杂性越高，用户的采纳意愿就越低。许多学者都对此开展了研究，如Sumberg（2016）、Salahshour（2017）、Depboylu（2015）、黄以卫（2017）、耿荣娜（2017）、景熠等（2017）、刘洪磊等（2016）、李立威等（2015）、李文川（2014）等均验证了该变量对采纳决策的影响。

因此，本书在这里提出如下假设：

H1b：复杂性与企业用户采纳云计算服务显著负相关。

3.3.1.3 兼容性

兼容性指的是某种新技术或者新产品与潜在采纳者目前已经形成的经验、价值观以及需求是否一致，如果要采纳的新技术或新产品与潜在采纳者已经形成的经验、价值观以及需求不兼容，那么就需要潜在采纳者采用新的价值观体系，就会减缓用户采纳创新技术的进程。在技术组织环境研究框架中，许多学者都把兼容性作为一项必备的技术特征进行研究。

在企业用户采纳信息技术的过程当中，兼容性一般包含技术兼容性和组织兼容性两种类型。技术兼容性一般指的是一项技术创新与企业原有的软件系统和硬件设备是否兼容，或者与原有的数据格式是否相容，或者与原有的开发接口是否相通，以及与原有的技术标准是否相符等。而组织兼容性一般指的是采纳某项技术创新，是否符合企业的战略发展需要，是否适应企业的管理制度，是否与公司的企业文化一致，是否符合企业的组织价值观等。无论是技术兼容性还是组织兼容性，在企业决策采纳某项技术创新时都是非常重要的考量因素，因为如果企业错误地采纳了某项技术创新，最后因兼容性的问题，而无法发挥其应有的作用，甚至给企业带来混乱，最终被迫放弃该技术创新，会给企业造成巨大的财力人力和物力的损失。所以，企业在考虑采纳某项技术创新时一般都会对兼容性作一个系统的评估。

云计算服务作为一种革命性的技术创新和全新的商业服务模式，与企业原有的信息技术有很大的不同，且云计算服务有不同的模式和种类，适合不同类型的企业用户，它的兼容性问题就更受到关注。许多学者都对兼容性与用户的行为意向之间的影响关系作了深入的研究，Rahayu（2017）、Sabi（2017）、Tashkandi（2015）、邹鹏等（2014）、石双元等（2015）、杜惠英（2017）、杨朝君等（2014）、陈琰等（2017）的研究结果都证实了兼容性对用户采纳行为有显著的的影响作用。

因此，本书在这里提出如下假设：

H1c：兼容性与企业用户采纳云计算服务显著正相关。

3.3.1.4 感知成本

感知成本是技术创新采纳行为研究中的常见影响因素，它指的是个体和组织在采纳使用某种技术创新时所需要付出的代价。这里的代价包括采纳过程中的各种支出，包括人力、财力、物力、时间成本等，而不仅仅只是狭义上的费用成本。而且，在研究这种代价时，研究者发现由于不同的个体和组织对成本的承受能力也是不同的，例如，同样价格的产品对于高收入人群来说感觉需付出的成本很低，而对于低收入人群来说则可能觉得成本难以承受。对于不同企业而言也是如此，同样的技术创新，大型企业能够接受的人力物力等资源付出，中小企业未必能够承受。所以在很多研究中，学者会用感知成本来衡量用户所需付出的代价。本书的研究对象是企业用户而非个人，而企业用户在采纳云计算服务时不仅要考虑购买服务的费用成本，还要考虑后续的运维成本，员工培训的时间和人力付出等多项成本。一般来说，企业用户在采纳技术创新时，如果感觉到所需付出的成本可以接受，采纳意愿程度就会较高，反之，即便这项技术创新可能会带来很大的收益，企业用户也往往因感觉无法承受所需付出代价而放弃采纳。许多国内外学者都对感知成本在采纳决策中的作用开展过研究，如 Paustian（2017）、Sun（2015）、李敏（2014）、胡冬兰（2015）、苏婉（2014）、李普聪（2014）、詹必胜等（2017）、王丹丹（2017）都验证了该变量对采纳的影响。

因此，本书在这里提出如下假设：

H1d：感知成本与企业用户采纳云计算服务显著负相关。

3.3.1.5 可试性

可试性的概念来自 Rogers 的创新扩散理论，指的是某项创新技术在有限基础上可以被试验性的程度，也就是技术在被采纳前，能够被小范围内、小批量试验的程度。一般创新技术的可试验性越高，其扩散速率越快。采纳者在尝试使用创新技术或产品后，能够减少他们对该技术或产品的不信任感，从而提高其采纳该技术或产品的可能性。在个人云计算产品市场上，各大 ASP 都普遍使用免费策略来吸引消费者的使用，如在个人云存储产品上，用户初次注册使用都会获赠大容量永久存储云空间，如苹果公司免费为用户提供 5GB 的免费 iCloud 空间，百度网盘在用户完成引导任务后，免费扩容至 2TB 的云存储空间，用户试用效果如果满意，就会产生持续使用的行为。参照个人云计算产品可试性的情况，我们认为企业用户的云计算服务也可能有类似的效果。Sumberg（2016）、韩华等（2016）、孙丹（2015）、赵沐阳（2014）、李书全等（2014）都对可试性在采纳中的影响开展过研究。

因此，本书在这里提出如下假设：

H1e：可试性与企业用户采纳云计算服务显著正相关。

3.3.2 企业用户云计算服务采纳行为的组织类影响因素

本书研究的是企业用户对云计算服务的采纳行为，所以必须把组织影响因素纳入研究模型中来。理性的企业用户在决策采纳某项技术创新时，不仅仅会考虑技术创新本身的优势，也会评估组织内部因素对采纳行为的影响，这些影响因素有时候甚至比技术创新的优势更为重要。云计算是一种革命性的创新技术，也是一种全新的商业服务模式，虽然相对于传统信息技术，云计算服务具有天然的优势，但由于缺乏历史经验，采纳行为存在一定的风险和不确定性，企业内部的组织因素就会对决策带来很大的影响。本书在研究中将管理层态度、资源就绪度、需求迫切度等组织因素纳入采纳模型中进行讨论和分析，如图3-3所示。

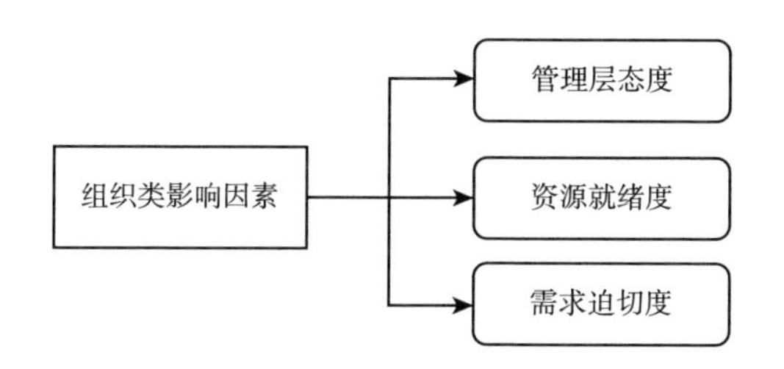

图3-3 组织类影响因素模型

3.3.2.1 管理层态度

管理层态度或者高层主管态度是企业技术创新采纳研究中的常见影响因素，它指的是企业或组织的高层领导（一般包括CEO、CIO等）对于采纳某项技术创新的支持态度。如同大多数用户采纳理论中，个人用户想用态度影响采纳意愿一样，企业的态度从某种意义上来说，就是企业管理层态度，它也会影响企业对技术创新的采纳行为。而且，相对于个人用户，企业的管理层态度发挥的影响作用往往更为显著。云计算是一种全新的服务模式和革命性的创新技术，缺乏可参考的历史经验，因为与企业传统的信息技术应用模式完全不同，企业在采纳和使用云计算服务的过程中可能会面临业务流程变化等风险和其他不确定因素，企业管理层由于对企业的战略制定、各项资源的调配拥有决定权，其支持态度在此时就会对采纳行为发挥决定性的作用。一般而言，企业特别是中小企业在决策采纳某项技术创新时，管理层态度的支持程度越高，企业采纳的可能性就越大，有时候管理层态度就是采纳的关键决定因素。许多研究者如陈晓红（2016）、胡冬兰（2015）、梁乙凯（2017）、李品怡（2014）等均研究证实了管理层态度对创新技术采纳的重要影响。

因此，本书在这里提出如下假设：

H2a：管理层态度与企业用户采纳云计算服务显著正相关。

3.3.2.2 资源就绪度

组织是否采用某项创新很大程度上取决于它们的资源储备，企业所需发展资源的内容包括组织的相关经验、资金、人员等。资源就绪度就是指企业对于采纳一项新技术所需的各类资源的准备情况，也就是说，资源就绪度是用来判定企业是否为了采纳某项技术创新而在所需资源上作了充分的准备。从对现有研究文献的梳理情况来看，大多数情况下，资源就绪度在企业决策采纳某项技术创新时会有正向的影响作用。这主要是因为一个理性的企业，会在发展过程中时刻做好风险的防控工作，如果发展资源充足，那么在采纳某项技术创新时所需承担的发展风险就会大大降低，不会因为采纳创新的行为导致资源不足，而使企业陷入发展的困境，即便失败也不会对企业有太大的影响。所以，当企业的人力、物力、财力等各种采纳所需资源充足的时候，就可以在发展过程中有更多的选择，企业会更倾向于采纳某种会给企业带来潜在优势的技术创新。许多学者如刘细文（2011）、杨玲（2015）、胡芳等（2017）、徐峰（2012）、黄以卫（2017）等都在研究中验证了资源就绪度对采纳行为的影响。

因此，本书在这里提出如下假设：

H2b：资源就绪度与企业用户采纳云计算服务显著正相关。

3.3.2.3 需求迫切度

需求迫切度也被称之为需求优先级，是针对组织和企业用户的采纳行为研究中常用的影响因素之一。对于企业用户来说，在决策采纳某项技术创新时，需求迫切度往往是被重点考虑的因素。相对于个人用户而言，企业用户通常都是更为理性和现实的，由于企业在发展过程中所拥有资源是有限的，为了能够在激烈的市场竞争中生存下来，企业往往需要抓紧发展时间，评估采纳某种技术创新对于企业发展的优先程度，从而把有限的资源投入到企业最需要，能给企业带来最大化利益的技术中去。所以，如果云计算服务对于企业当前发展需求而言优先级很高，那么企业就会倾向于采纳使用，而反过来就会放弃采纳行为。许多学者如李怡文（2006）、赵彬（2016）、王丹丹（2017）等都在各自的研究中对此作了相关的分析和论证，认为需求迫切度会对信息技术采纳产生影响。

因此，本书在这里提出如下假设：

H2c：需求迫切度与企业用户采纳云计算服务显著正相关。

3.3.3 企业用户云计算服务采纳行为的环境类影响因素

所有企业和组织都是处在一定的社会环境当中，不可避免会受到来自外部的各种环境因素影响，在云计算服务采纳行为研究中，环境类因素也是不可或缺的重要影响因素。研究者在使用TOE框架研究信息技术采纳行为时，通常会结合制度理论来考虑设置环境维度影响因素，该理论认为一些不可控的影响因素会对组织的行为产生影响甚至改变组织的决策，也就是说，企业有可能是因为外部的环境压力影响导致某种创新技术的采纳行为，而并不是由于这项技术对于企业来说是迫切需求的。因此，本书通过对研究文献的梳理和总结，选取潮流压力、竞争压力和政府支持等环境因素，将其纳入采纳行为模型中进行研究，如图3-4所示。

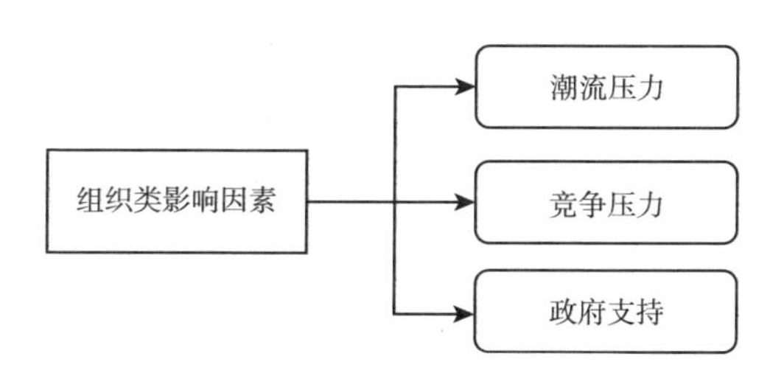

图3-4 环境类影响因素模型

3.3.3.1 潮流压力

潮流压力的概念最早由Abrahamson于1993年提出，它与制度理论中提到的模仿压力类似，认为在某个环境中，随着对某项技术或者某项产品的采纳者数量不断增加，那些没有采纳的个人和组织会感受到相应的压力，从而模仿跟随这种采纳潮流。Rogers（2003）在创新扩散理论中也认为如果采纳创新的人数不断增加，积累到一定程度就会开始影响那些潜在采纳者，大多数用户会迫于潮流的压力尝试采纳创新。从社会心理学的角度来看，这种潮流压力会使潜在采纳者产生趋同心理，由于看到周围的组织和个人都在做同样的事情，使用同样的技术创新，或者购买同样的产品，那些还没有采取相同行为的潜在采纳者就会感受到压力，会希望能够与群体中的多数人群保持一致意见，从而避免因为孤立而遭受到制裁或者损失。潮流压力会对采纳个体提供一种参考，个体往往都是倾向于相信多数，认为多数群体正确的机遇多，从而怀疑自己的判断，在自身认识不足的情况下，这种效应尤其明显。许多学者在各自的研究中也验证了潮流压力对企业采纳的影响，于兆吉等（2017）、林加宝等（2017），李立威等（2016）、张铠（2016）等均在相关研究中对此进行了分析和验证。

因此，本书在这里提出如下假设：

H3a：潮流压力与企业用户采纳云计算服务显著正相关。

3.3.3.2 竞争压力

竞争压力指的是企业在发展过程中，由于市场中存在许多同类企业，在有限的市场容量中，企业之间会产生竞争关系，竞争者的发展状况会对企业产生相应的影响和压力。许多情况都会导致企业感受到竞争压力，如竞争企业由于采纳技术创新在行业内获得发展优势，或者竞争企业由于某种商业模式的创新扩大了市场份额，或者市场上的同类企业数量开始增加等，或者企业自身的发展模式无法适应市场环境的变化等情况，都会让企业感受到竞争压力增大。企业为了能够在市场竞争中生存下来，迫于竞争压力，其求变欲望就会增强，会产生强烈的采纳技术创新的需求，希望借此为企业在市场竞争中获取竞争优势。一般来说，企业在市场竞争中感受到的竞争压力越大，其采纳技术创新的意愿就会越高，反之，企业则可能会安于现状，怠于采纳创新。许多学者如郭磊等（2017）、李刚（2017）、马永红等（2016）、张国政等（2014）、黄以卫（2017）、苗虹等（2016）、林家宝等（2017）都分别从不同的研究对象和领域对此进行了研究验证和分析，结果都显示竞争压力对企业采纳意愿的影响显著，是关键影响因素。

因此，本书在这里提出如下假设：

H3b：竞争压力与企业用户采纳云计算服务显著正相关。

3.3.3.3 政府支持

在环境因素中，政府支持也是在很多研究文献中被采用的一个影响因素。政府支持主要是指政府机构为推动扶持某项技术或某个产业发展，而出台一系列的扶持政策和红利，发布引导产业发展方向的规划文件等行为。一般政府支持都会从资金、人力、制度等各个方面给予扶持。这种由政府以宏观方式对产业发展给予支持的方式，在我国经济技术发展的国情下一般都会有比较显著的效果。

目前，云计算已经被列为我国的战略新兴产业。国务院、工信部、发改委等相关国家部委出台了一系列的政策文件，大力扶持云计算作为新一代信息技术重点发展。如2010年发布的《国务院关于加快培育和发展战略性新兴产业的决定》和《关于做好云计算服务创新发展试点示范工作的通知》，2015年发布的《国务院关于促进云计算创新发展培育信息产业新业态的意见》，2017年发布的《云计算发展三年行动计划（2017—2019年）》等，均对云计算的发展制定了实质性的扶持政策。在我国政府的大力推动和引导下，目前云计算产业在国内已经取得了长足的发展，2015年年底，我国云计算产业的市场规模已达1500亿元，已经有北京、上海、杭州、深圳、无锡、哈尔滨等六个云计算服务创新发展试点城市，云计算的认知度获得了极大的提高，云计算产业发展速度迅猛，应用领域不断扩大，服务和创新能力得到显著增强，产业规模快速增长，2019年的产业规模会达到4300亿元。因此，我们认为，政府支持会对企业用户采纳云计算产生一定的促进作用。

因此，本书在这里提出如下假设：

H3c：政府支持与企业用户采纳云计算服务显著正相关。

3.3.4 企业用户云计算服务采纳行为的信任类影响因素

通过前期的开放式问卷调查发现，企业用户对云计算服务的采纳行为很大程度上直接受到信任因素的影响，很多参加调查的企业表示对于云计算服务和提供云计算服务的供应商感知信任度不高。云计算的服务模式从技术上来说有很多安全保障的机制，但对于用户来说，通常还是会感觉缺乏对云的掌控，无法产生足够的信任。Mayer和Davis等认为信任就是在知晓某个对象可能会对自己造成重要影响的前提下，依然选择放任并不控制其行为。企业用户对云计算服务的感知信任会对其采纳行为产生很大的影响，如果企业对云计算服务的感知信任度高，就会降低云计算服务自身风险对用户造成的负面影响。我们认为，企业用户对云计算服务的感知信任主要来自两个方面，云计算服务提供商品质和在云端的信息安全程度。因此，本章的研究模型中还加入了信任因素（包括感知云服务商品质和感知信息安全程度），以研究其对企业用户云计算服务采纳行为的影响，如图3-5所示。

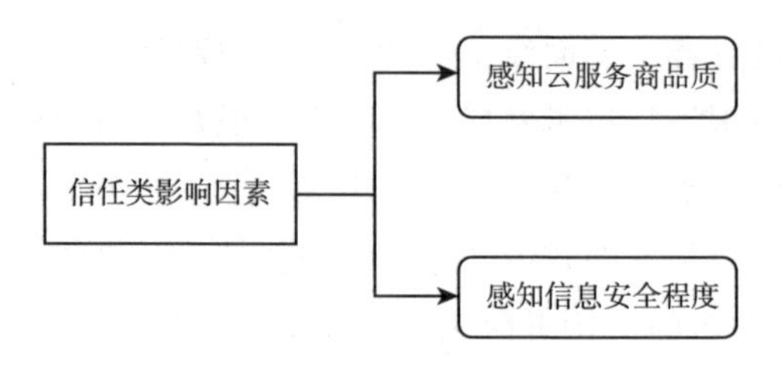

图 3-5 信任类影响因素模型

3.3.4.1 感知云服务商品质

随着云计算的发展，云计算的应用领域越来越宽，云计算服务产品的种类也越来越多，云计算的市场发展速度迅猛。在巨大的商业利益驱使下，越来越多的企业开始介入云计算领域，许多企业成为云计算服务提供商（简称云服务商），为用户提供包括云计算存储空间、云计算网络设施、云数据库、云计算软件应用、云计算开发平台等各种类型的云计算服务。由于企业用户的类型不同，特点不同，需求也不尽相同，与之相适应的，市场上的云计算服务产品也种类繁多，可选择的云服务商也为数不少，而云计算作为一种革命性的创新技术和全新的商业服务模式，许多企业对云计算服务的认知并不充分，在这种情况下，选择适合企业需求的云计算服务产品就面临一定的困难，企业难以判断哪种云计算服务是适合自己的或者是值得信任的。因此，企业在选择云计算服务产品的时候也会关注云服务商的信息，根据云服务商的品质来决策采纳云计算服务。企业用户一般会综合考虑云服务商自身资质和其提供云服务产品质量来判断和感知云服务商品质，云服务商的信誉、服务水平、成功案例、提供产品的性能等因素都会影响云服务商品质。企业感知云服务商品质越高，采纳云计算服务的可能性就越大。Oliveira（2014）、桂雁军（2014）、程慧平等（2017）、刘森（2014）、邵明星（2015）等研究者均在其研究中研讨和分析了云服务商因素对用户采用云计算这种新技术的影响。

因此，本书在这里提出如下假设：

H4a：感知云服务商品质与企业用户采纳云计算服务显著正相关。

3.3.4.2 感知信息安全程度

企业要保持健康可持续性发展，信息安全是基本的保证之一。商业信息是每个企业的核心资产，企业的任何生产运作活动都需要信息资源的支撑，包括企业的财务资产信息、生产经营数据、工艺配方数据、客户资源数据、设计方案资料等诸多信息资源都是企业在长期发展中积累下来的宝贵财富。如果这些商业信息不慎丢失或者被窃取泄露，有可能会使企业经济利益受损，公众声望下降、引发高层震荡、面临法律诉讼，甚至导致关乎企业存亡的严重后果。因此，企业的信息资源管理一直以来都是企业重点关注的工作。企业采纳使用云计算服务后，企业的相关数据和信息都会被存储在云端。这种云计算的服务模式从技术上来说有很多保障信息安全的机制，但对于用户来说，通常还是会感觉缺乏对信息资源的掌控。而且互联网络环境虽然方便高效，但也伴随着安全危机，网络上的商业泄密事件时有发生，许多知名的大公司也难以幸免。2014 年，苹果公司的 iCloud 云盘系统被黑客利用漏洞破解，导致大量好莱坞影星私照泄露；2017 年，美国国防部部署在亚马逊 S3 云存储上的数据库由于配置错误导致 18 亿用户的个人信息泄露；2017 年，Verizon 公司 1400 万的客户数据因为第三方供应商的云服务器安全配置不当遭到外泄；2017 年，医疗设备公司 Patient Home Monitoring 存储在亚马逊云服务器上的 47GB 涉及 15 万名患者的医疗数据记录遭到破解泄露。诸如此类的云端数据泄露事件时有发生，格外引起企业的担忧，如果能感受到足够的信息安全，企业用户对云计算服务就会产生信任感，进而更容易采纳云计算服务，反之，企业没有足够高的感知信息安全，就会阻碍用户采纳云计算服务。钱丽等（2016）、王建亚（2016）、吴亮等（2012）、李刚（2017）等都研究证实了信息安全的重要性。

因此，本书在这里提出如下假设：

H4b：感知信息安全程度与企业用户采纳云计算服务显著正相关。

3.3.5　采纳意愿和行为

采纳意愿和采纳行为在很多用户采纳相关的理论和模型中都有出现，如理性行为理论 TRA，计划行为理论 TPB，技术接受模型 TAM 以及技术采纳与使用整合理论 UTAUT 中，都在模型中设置了这两个变量。但也有一些学者，在其研究模型中仅设置了采纳意愿或者仅考虑采纳行为。基于不同的研究目的和研究场景，研究者会根据需要设置不同的结果变量。在很多采纳行为的研究中，我们发现研究者只考虑了采纳意愿，认为采纳意愿就可以代表采纳行为，而另一些研究者则是直接选择采纳行为作为结果变量，即不考虑行为意向的预测作用。两种方法都是合理的，在本书的研究中，考虑到采纳意愿对采纳行为的预测效果，为了使模型的解释更为准确合理，我们选择把采纳意愿和采纳行为都作为结果变量纳入企业用户云计算服务采纳行为模型中。

因此，本书在这里提出如下假设：

H5：企业用户云计算服务采纳意愿与采纳行为显著正相关。

3.3.6 企业特质因素

不同的企业特质对企业的创新采纳也能产生很大的影响，从前期文献的梳理中我们发现，许多学者在研究企业创新采纳时，会把一些企业特质要素作为控制变量来进行重点研究。在众多的企业特质中，本书选取了企业规模、企业发展阶段、企业所属行业类别这几个可以量化的特质作为模型的控制变量来研究。同时，从现有的研究情况来看，有研究结果显示，这几个企业特质和采纳行为之间有影响关系。

因此，本书提出以下假设：

H6a：不同规模企业对云计算服务采纳影响有显著差异。

H6b：不同行业企业对云计算服务采纳影响有显著差异。

H6c：不同发展阶段企业对云计算服务采纳影响有显著差异。

3.3.7 研究假设汇总

研究假设汇总如表 3－1 所示。

表 3－1 研究假设列表

类别	研究假设
技术类影响因素	H1a：相对优势与企业用户采纳云计算服务显著正相关
	H1b：复杂性与企业用户采纳云计算服务显著负相关
	H1c：兼容性与企业用户采纳云计算服务显著正相关
	H1d：感知成本与企业用户采纳云计算服务显著负相关
	H1e：可试性与企业用户采纳云计算服务显著正相关
组织类影响因素	H2a：管理层态度与企业用户采纳云计算服务显著正相关
	H2b：资源就绪度与企业用户采纳云计算服务显著正相关
	H2c：需求迫切度与企业用户采纳云计算服务显著正相关
环境类影响因素	H3a：潮流压力与企业用户采纳云计算服务显著正相关
	H3b：竞争压力与企业用户采纳云计算服务显著正相关
	H3c：政府支持与企业用户采纳云计算服务显著正相关

续表

类别	研究假设
信任类影响因素	H4a：感知云服务商品质与企业用户采纳云计算服务显著正相关
	H4b：感知信息安全程度与企业用户采纳云计算服务显著正相关
采纳意愿与采纳行为	H5：企业用户云计算服务采纳意愿与采纳行为显著正相关
企业特质影响	H6a：不同规模企业对云计算服务采纳影响有显著差异
	H6b：不同行业企业对云计算服务采纳影响有显著差异
	H6c：不同发展阶段企业对云计算服务采纳影响有显著差异

3.4　本章小结

本章的主要内容是构建研究模型并提出研究假设。首先，通过开放式问卷调查和访谈，初步调研了企业用户在采纳云计算服务过程中可能受到影响的因素，然后，基于第 2 章的理论分析与文献综述，结合初步调研的结果，确定企业用户采纳云计算服务的影响因素，构建企业用户云计算服务采纳行为模型，提出本书的研究假设。后续将通过实证研究来验证提出的采纳行为模型，并对本章提出的研究假设进行检验。

第4章 企业用户云计算服务采纳行为实证研究设计

第3章的研究构建了企业用户云计算服务采纳行为研究模型并提出了相应的研究假设。本章将进一步就如何验证前面构建的采纳行为模型和检验提出的研究假设，进行实证研究设计。

4.1 问卷设计与调查

4.1.1 问卷设计原则与步骤

4.1.1.1 问卷设计的原则

问卷设计是科学调查研究的前提，对调查结果有重要的影响。为设计出符合调研目的和预测需求的调查问卷，问卷设计一般要遵循以下的原则：

（1）目的性原则。设计者在设计问卷的时候必须明确调研的主题，在此前提条件下才能正确设置题项。问卷题项的设置必须围绕调研主题，目的性明确，以利于从被调研者处获取需要的调研数据。

（2）逻辑性原则。好的问卷设计，题目的排列顺序应该符合答题者的思维习惯，通常的做法是先简单后复杂，把容易的题目放在前面，困难的题目放在后面，这样被调查者会较易接受，调查人员也能够顺利完成调查。

（3）通俗性原则。问卷设计中题项的表达必须简单易懂，尽量避免出现复杂的专业性术语，这样才能使答题者能够充分理解问题的含义，以避免出现因对题意的理解出现偏差而无法正确作答的情况。

（4）便于处理性原则。问卷回收后必然需要进行分析和处理，因此问卷的设计必须考虑其形式要符合后期的处理要求，以便于对问卷结果进行整理和统计分析，避免出现获取信息很多却难以统计分析的情况。

（5）合理的问卷长度原则。被调查者在参与问卷调查时一般都会有时间上的限制，如果答题超过 20 分钟还没有结束的话，被调查者往往都会失去耐心，答题的准确度就会降低。因此，必须控制问卷内容，让大部分用户在 20 分钟内可以完成。

（6）一般性原则。一般性原则是问卷设计的基本要求，即问卷中设置的题项必须符合一般常识，避免在题项中出现低级错误和常识性的错误，否则会使被调查者对问卷可信度产生怀疑，从而降低调查的质量。

4.1.1.2　问卷设计的步骤

第一步，变量操作化定义。

我们在设计好研究模型并且已经提出假设之后，需要对这里面涉及的概念进行操作化定义，其目的是要界定其在企业用户云计算服务采纳情境下的含义。

第二步，测量项目生成。

量表开发第二阶段的任务是创建一组用于评价所研究概念的测量项目。因为在研究模型中的概念要素是不能被直接测量的潜变量，必须将其转换成可以直接被观测的测量项目，也就是要转换成能够被用户直接测量的问题。为了保证研究的有效性，测量项目的设计可以参考同类成熟量表。变量测量项目的设置决定了所开发量表的内容效度，内容效度又被称为逻辑效度，表示测量指标与测量目标之间的逻辑相符程度。

第三步，经过预测试生成正式问卷。

测量项目开发出来后，必须对他们进行信度和效度的检验，一般我们会采用一个小样本预测试来进行分析，在此过程中通过删减一些不符合一致性条件的题项来改善量表质量。在本次研究中，预测试采用了以下步骤。首先，进行专家访谈调研，请熟悉云计算技术和用户采纳行为的专家对问卷测量项目的设置提出意见，根据他们的经验来判断，测量项目和概念是否一致，按照他们反馈的意见对测量项目进行修改后再请其检查，这一过程反复多次后确定测量项目。然后进行小样本的问卷预调查，分析其信度和效度，对其中没有通过检验的项目进行修改，修改后再次进行测试，直至获取一个可靠的测量工具，生成正式问卷。

4.1.2　测量变量的确定

根据第 3 章提出的企业用户云计算服务采纳行为模型和相应的研究假设，问卷中的测量变量包括预测变量和结果变量两大类。其中预测变量主要分为四个维度，即技术类影响因素、组织类影响因素、环境类影响因素和信任类影响因素，结果变量是采纳意愿和采纳行为。

4.1.2.1 技术类因素变量

本书中考察的技术类变量包括：相对优势、复杂性、兼容性、感知成本、可试性。本书为了提高测量变量的信度和效度，在参考以往研究的测量指标的基础上，进行了一定程度的修正，从而适合本书的研究环境，修改后的测量项描述如表 4－1 所示。

表 4－1 技术类影响因素测量题项

测量变量	编码	测量题项	参考文献
相对优势	A1	使用云计算服务可以提高公司的效率和收益	Huang（2003） Kendall 等（2001）
	A2	使用云计算服务可以降低公司的 IT 成本	
	A3	使用云计算服务可以让组织管理更有效	
	A4	使用云计算服务可以提高公司的竞争力	
	A5	使用云计算服务可以提高公司的灵活性	
复杂性	B1	云计算服务的业务操作很复杂	Karahanna（1999）
	B2	使用云计算服务需要员工掌握的技能太复杂	
	B3	使用云计算服务需要公司内部做出变革	
兼容性	C1	云计算服务与公司现有软硬件兼容	Huang（2003）
	C2	云计算服务与公司的工作业务兼容	
	C3	云计算服务与公司的发展战略一致	
感知成本	D1	使用云计算服务需要较高的资金投入	Oliveira 等（2014）
	D2	使用云计算服务需要较高的人力投入	
	D3	使用云计算服务需要较高的运维成本	
可试性	E1	公司知道在哪里可以试用云计算服务	Gary 等（1991）
	E2	决定采纳前，公司有充足的机会试用云计算服务	
	E3	决定采纳前，公司有充足的时间试用云计算服务	
	E4	决定采纳前，公司可以正确地试用云计算服务	

4.1.2.2 组织类因素变量

本书中考察的组织类变量包括：管理层态度、资源就绪度、需求迫切度。本书为了提高测量变量的信度和效度，在参考以往研究的测量指标的基础上，进行了一定程度的修正，从而适合本书的研究环境，修改后的测量项描述如表 4-2 所示。

表 4-2 组织类影响因素测量题项

测量变量	编码	测量题项	参考文献
管理层态度	F1	管理层愿意提供足够的资金和人力支持	Oliveira 等（2014）
	F2	管理层愿意承担使用云计算服务的风险	
	F3	管理层对云计算服务的功能和前景非常了解	
资源就绪度	G1	公司具有应用云计算服务的充足资金	李怡文（2006） Nohria 和 Gulati（1997）
	G2	公司具有应用云计算服务的富余人力	
	G3	公司具有应用云计算服务必需的 IT 资源	
	G4	公司员工具备应用云计算服务的技能	
需求迫切度	H1	公司内部有应用云计算服务的需求	李怡文（2006）
	H2	相比其他需求，云计算服务的需求更迫切	
	H3	应用云计算服务属于公司的增值环节	

4.1.2.3 环境类因素变量

本书中考察的环境类变量包括：潮流压力、竞争压力、政府支持。本书为了提高测量变量的信度和效度，在参考以往研究的测量指标的基础上，进行了一定程度的修正，从而适合本书的研究环境，修改后的测量项描述如表 4-3 所示。

表 4-3 环境类影响因素测量题项

测量变量	编码	测量题项	参考文献
潮流压力	I1	社会上很多其他公司都应用了云计算服务，我们也要跟上	郭迅华（2010） 李怡文（2006）
	I2	公司的很多合作伙伴和客户已经开始应用云计算服务	
	I3	媒体和咨询机构都鼓励应用云计算服务	
	I4	云计算是未来趋势，公司应该主动追随	
竞争压力	J1	竞争对手正在使用云计算服务，我们要赶上，不能落后	李怡文（2006） Ramamurthy（1992）
	J2	要在行业内领先，就要应用云计算服务	
	J3	业内已经出现应用云计算服务获得竞争优势的竞争对手	
	J4	应用云计算服务有利于公司保持竞争力	
政府支持	K1	政府提供财政支持促进云计算发展	李怡文（2006） 自拟
	K2	政府出台优惠政策促进云计算发展	
	K3	政府对推动企业应用云计算制定了详细的规划	

4.1.2.4 信任类因素变量

本书中考察的信任类影响因素变量包括：感知云服务商品质、感知信息安全程度。本书为了提高测量变量的信度和效度，在参考以往研究的测量指标的基础上，进行了一定程度的修正，从而适合本书的研究环境，修改后的测量项描述如表4－4所示。

表4－4 信任因素测量题项

测量变量	编码	测量题项	参考文献
感知云服务商品质	L1	云服务商在业内有很好的信誉	Oliveria（2014） 桂雁军
	L2	云服务商提供高品质的服务	
	L3	云服务商具有很强的技术实力	
感知信息安全程度	M1	数据存储在云端很安全，不会因黑客攻击、监听等网络犯罪导致丢失或泄露	Oliveira（2014） Gupta（2013） 自拟
	M2	数据存储在云端很安全，不会因商业利益被云服务商滥用	
	M3	数据存储在云端很安全，不会因为云服务平台技术问题而导致丢失	

4.1.2.5 结果变量

表4－5 采纳意愿测量题项

测量变量	编码	测量题项	参考文献
采纳意愿	N1	公司倾向于采纳云计算服务	李怡文（2006） Karahanna（1999）
	N2	公司预测将采纳云计算服务	
	N3	公司肯定会采纳云计算服务	
采纳行为	AB	公司已经采纳或者已经决定采纳云计算服务	李怡文（2006）

4.1.3 预测试及生成正式问卷

问卷的预测试就是要对测量工具进行考察，确保测量工具是科学合理的，主要的检查内容就是检验问卷的信度和效度。在本书的研究中，预测试工作主要分为两个阶段，第一阶段是进行问卷的内容效度检验：①首先是使用专家访谈法来进行内容效度的检验，其目的是判断所设计的测量问题是不是能够代表模型中那些变量的全部含义，是不是还存在概念的交叉。②对问卷进行试填，这一步工作的主要目的是为了检验测量问题的表述是不是符合一般用户的习惯，同时也可以预测填写问卷所需要的时间。第二阶段是使用设计好的问卷进行预调研，主要方法是使用 SPSS 软件来检验问卷的信度和效度。通常来说，我们使用克隆巴哈系数法（Cronbach's α）来判断信度是否符合要求，而对构建效度的检验则一般使用探索性因子分析法。在整个预测试的过程中，我们会根据情况对问卷进行修改，在这以后，符合检查要求了，才能够生成一份正式的调查问卷。

4.1.3.1　内容效度检验

所谓效度（validity）就是指测量的有效程度或者准确程度，即测量得到的结果与要考察的内容是否相符，效度越高说明测量结果与考察内容的符合度就越高。效度主要包括内容效度和构建效度。

内容效度又被称为逻辑效度，表示测量指标与测量目标之间的逻辑相符程度。一般来说会主要验证以下三个方面的内容：一是所设计的测量问题是不是能够完全反映其所要代表的研究变量，因为有些题项可能是参照外文文献中的量表，经过翻译后其含义是否和研究变量一致需要验证；二是要检验测量问题是不是完全涵盖了所代表的研究变量的理论边界，一个测量题项应该只能和唯一的一个研究变量所对应，不可以有概念的交叉；三是要检验测量题项的文字表述是否符合用户的一般习惯，对一些学术性比较强的测量问题应该尽量使其口语化，以便于保证被调查者能够完全理解问题的含义，避免出现理解偏差。

本书中所设计的问卷已经参考了其他学者的成熟量表设计，而且根据企业用户采纳云计算服务的情境，对测量题项做了相应的修改。为了确保问卷的科学严谨性，提高问卷质量，还是需要对问卷再次进行内容效度的检验。本次研究中的内容效度检验主要采用了专家访谈法，通过在云计算服务领域的专家对文件内容进行检查，根据他们的经验，判断问卷测量题项和所代表的研究变量之间的一致性，如果有问题则根据专家意见进行量表的修正。本次内容效度检验中，先后共邀请了 5 位专家，包括 3 位高校教授和 2 位企业信息部门负责人。在检验过程中，专家们对问卷的设计和语言是否准确进行了评判，主要从三个方面进行考察：测量题项和研究变量在含义方面是不是完全一致；每个研究变量下所设计的问题能不能够代表这个变量的所有内容；测量问题之间有没有存在概念交叉的情况。经过这三方面的检验后，专家给出了修改意见，据此对问卷进行了修订，并重新请专家检验，前后共经过 3 次修订，最终通过了内容效度检验，确定了问卷。

4.1.3.2 试填问卷

之所以要对问卷进行试填工作，其主要目的是进一步检验问卷的内容效度，检查所设计的问卷问题是不是符合一般用户的阅读习惯和理解能力，保证问卷问题能够被用户完全理解，不会出现理解上的偏差和歧义。在本次研究中，共邀请了6位企业相关管理人员参加问卷试填工作。在整个试填过程中，我们先向用户大致解释了本次试填工作的目的，请他们记录觉得描述不太清楚或有歧义的问题，并统计每个人的填写问卷所耗费时间。填写过程结束后，我们又通过访谈的方式向这些用户征求了意见。试填结果表明，所有参加填写活动的用户都能够在20分钟之内完成整份问卷的填写工作，问卷的内容数量合理，同时我们也根据用户的反馈对某些存在一定表述问题的测量题项又进行了相应的修改，顺利完成了问卷的试填工作，达到了问卷试填的目的。

4.1.3.3 信度检验

信度（Reliability）是指测量的可靠程度或者可信程度，信度分析要检验的是所设计的量表对某个对象多次重复测量时结果是否一致和稳定。信度越高，说明测量的可靠程度越高，即多次测量的结果的一致性程度越高。信度分析参考的指标主要有稳定性指标、等值性指标和内部一致性指标三种。其中最常用的是内部一致性指标，它表示问卷题项之间的同质性。

为了保证问卷的有效性，本书中设置的问卷题项基本都来自前人研究中被证实为有效成熟的量表。但即便如此，根据吴明隆（2010）等学者的观点，还是需要对设计的量表进行信度分析。信度分析的主要方法有重测信度法、复本信度法、分半信度法和α信度系数法等四种。重测信度法是用相同的问卷对同一对象在不同的时间测试两次，受时间间隔长短和外部因素影响，较难实施。复本信度法是用两份内容等价但是题目不同的问卷对同一对象进行测试，但问卷设计难度较高，较少被使用。分半信度法是将问卷分为两部分，分别测试计算两部分的相关系数，但只适合意见式问卷。α信度系数法通过计算 Cronbach's α 系数来判断问卷的内部一致性，是最为常用的信度分析方法。

本书问卷题项的测度采用了1~5分的李克特量表（其中1分表示非常不同意，5分表示非常同意），采用了最常用的α信度系数法进行问卷的信度分析。通常 Cronbach's α 系数的值在0~1之间，这个数值越高说明变量的各个问卷题项之间的相关程度越大，内部一致性就越高。一般来说，α系数如果没有达到0.6，则表示内部一致性不符合要求，需要对问卷题项重新编制；α系数在0.6~0.7之间，表示信度尚且可以接受；α系数在0.7~0.8之间，表示信度可以接受；α系数大于0.8，表示信度非常好。在本书中，我们采用SPSS 22.0统计分析软件来对问卷进行信度分析。

在预测试中需要对量表的信度进行初步的分析，但是对样本的选择没有特别严格的条件，本次研究中，我们进行了小规模范围内的问卷预调查，通过工作关系，借助本地商务主管部门的帮助，随机抽取了60家企业的管理人员进行问卷调查，同时我们通过线下自行寻找了40家企业进行问卷调查。在开展调查的过程中，我们在线上线下一共发放了100份调查问卷，回收有效问卷总计89份，问卷回收率达到了89%。

（1）技术类影响因素的信度分析。

根据前面对信度方法的描述，我们已经确定要使用SPSS软件中的信度分析模块来完成该项目工作，也就是使用软件度量功能下的可靠性分析模块来做信度分析测试，测试结果中会包含Cronbach's α系数，根据其值我们就可以判断被测问卷题项的信度是不是符合要求。从表4-6中对技术类因素变量的分析结果来看，相对优势、复杂性、兼容性、感知成本、可试性这几个变量的Cronbach's α系数值分别为0.881、0.915、0.931、0.861、0.843，Cronbach's α系数值全部都大于0.70，这表明，各测量题项之间的一致性和稳定性都符合要求。但是，根据表4-6显示，E1题项的CITC值小于0.5，且删除该项后的Cronbach's α系数值增加，比删除前的Cronbach's α系数值要大，因此，该题项与被测变量的其他题项存在一致性差异，需要删除该题项以提高量表的信度。

表4-6　技术类因素各潜变量的信度分析

变量	α值	编码	CITC值	删除该项后的α值
相对优势	0.881	A1	0.756	0.854
		A2	0.766	0.836
		A3	0.743	0.861
		A4	0.753	0.859
		A5	0.715	0.873
复杂性	0.915	B1	0.740	0.902
		B2	0.773	0.897
		B3	0.780	0.869

续表

变量	α值	编码	CITC值	删除该项后的α值
兼容性	0.931	C1	0.696	0.923
		C2	0.743	0.915
		C3	0.683	0.925
感知成本	0.861	D1	0.733	0.823
		D2	0.821	0.798
		D3	0.701	0.856
可试性	0.843	E1	0.465	0.902
		E2	0.694	0.835
		E3	0.749	0.795
		E4	0.761	0.780

在把E1题项删除以后，我们可以从表4－7中看到，修正后的量表信度分析结果显示，技术类因素中的五个变量相对优势、复杂性、兼容性、感知成本、可试性，它们的Cronbach's α系数值值分别为0.881、0.915、0.931、0.861、0.902，Cronbach's α系数值都大于0.7，而且全部的CITC值也都大于0.5，信度分析表删除该项后的Cronbach's α值一栏中，没有出现比删除前Cronbach's α系数值大的题项，所以该量表符合信度检验的要求。通过删减题项，最终技术类影响因素的分量表题项变为17项，具体如表4－7所示。

表4－7　修正后技术类因素各潜变量的信度分析

变量	α值	编码	CITC值	删除该项后的α值
相对优势	0.881	A1	0.756	0.854
		A2	0.766	0.836
		A3	0.743	0.861
		A4	0.753	0.859
		A5	0.715	0.873
复杂性	0.915	B1	0.740	0.902
		B2	0.773	0.897
		B3	0.780	0.869
兼容性	0.931	C1	0.696	0.923
		C2	0.743	0.915
		C3	0.683	0.925

续表

变量	α值	编码	CITC值	删除该项后的α值
感知成本	0.861	D1	0.733	0.823
		D2	0.821	0.798
		D3	0.701	0.856
可试性	0.902	E2	0.694	0.835
		E3	0.749	0.795
		E4	0.761	0.780

(2) 组织类影响因素的信度分析。

根据前面对信度方法的描述，我们已经确定要使用SPSS软件中的信度分析模块来完成该项目工作，也就是使用软件度量功能下的可靠性分析模块来做信度分析测试，测试结果中会包含Cronbach's α系数，根据其值我们就可以判断被测问卷题项的信度是不是符合要求。从表4-8中组织类因素变量的分析结果来看，管理层态度、资源就绪度、需求迫切度这几个变量的Cronbach's α系数值分别为0.858、0.861、0.892，Cronbach's α系数值全部都大于0.70，而且全部的CITC值也都大于0.5，信度分析表删除该项后的Cronbach's α值一栏中，没有出现比删除前Cronbach's α系数值大的题项，这表明，该量表各测量题项之间的一致性和稳定性都符合要求。

表4-8　　组织类因素各潜变量的信度分析

变量	α值	编码	CITC值	删除该项后的α值
管理层态度	0.858	F1	0.674	0.826
		F2	0.731	0.805
		F3	0.735	0.799
资源就绪度	0.861	G1	0.731	0.808
		G2	0.805	0.741
		G3	0.689	0.848
		G4	0.765	0.795
需求迫切度	0.892	H1	0.751	0.865
		H2	0.772	0.845
		H3	0.728	0.872

(3) 环境类影响因素的信度分析。

根据前面对信度方法的描述，我们已经确定要使用SPSS软件中的信度分析模块来完成该项目工作，也就是使用软件度量功能下的可靠性分析模块来做信度分析测试，测试结果中会包含Cronbach's α系数，根据其值我们就可以判断被测问卷题项的信度是不是符合要求。从表4-9中对环境类因素变量的分析结果来看，潮流压力、竞争压力、政府支持这几个变量的Cronbach's α系数值分别为0.879、0.857、0.907，Cronbach's α系数值全部都大于0.70，这表明，各测量题项之间的一致性和稳定性都符合要求。但是，根据表4-9中显示，J4题项的CITC值小于0.5，且删除该项后的Cronbach's α系数值增加，比删除前的Cronbach's α系数值要大，因此，该题项与被测变量的其他题项存在一致性差异，需要删除该题项以提高量表的信度。

表4-9　　环境类影响因素各潜变量的信度分析

变量	α值	编码	CITC值	删除该项后的α值
潮流压力	0.879	I1	0.731	0.819
		I2	0.801	0.743
		I3	0.684	0.842
		I4	0.745	0.804
竞争压力	0.857	J1	0.664	0.786
		J2	0.673	0.723
		J3	0.765	0.699
		J4	0.474	0.898
政府支持	0.907	K1	0.783	0.782
		K2	0.688	0.874
		K3	0.792	0.773

在把J4题项删除以后，我们可以从表4-10中看到，修正后的量表信度分析结果显示，环境类因素中的三个变量潮流压力、竞争压力、政府支持，它们的Cronbach's α系数值分别为0.879、0.898、0.907，Cronbach's α值都大于0.7，而且全部的CITC值也都大于0.5，信度分析表删除该项后的Cronbach's α值一栏中，没有出现比删除前Cronbach's α系数值大的题项，所以该量表符合信度检验的要求。通过删减题项，最终技术类影响因素的分量表题项变为10项，如表4-10所示。

表4－10　修正后环境类影响因素各潜变量的信度分析

变量	α值	编码	CITC值	删除该项后的α值
潮流压力	0.879	I1	0.731	0.819
		I2	0.801	0.743
		I3	0.684	0.842
		I4	0.745	0.804
竞争压力	0.898	J1	0.664	0.786
		J2	0.673	0.723
		J3	0.765	0.699
政府支持	0.907	K1	0.783	0.782
		K2	0.688	0.874
		K3	0.792	0.773

（4）信任类影响因素的信度分析。

据前面对信度方法的描述，我们已经确定要使用SPSS软件中的信度分析模块来完成该项目工作，也就是使用软件度量功能下的可靠性分析模块来做信度分析测试，测试结果中会包含Cronbach's α系数，根据其值我们就可以判断被测问卷题项的信度是不是符合要求。从表4－11中对信任类因素变量的分析结果来看，感知云服务商品质和感知信息安全程度这两个变量的Cronbach's α系数值分别为0.917、0.846，Cronbach's α系数值全部都大于0.70，而且全部的CITC值也都大于0.5，信度分析表删除该项后的Cronbach's α值一栏中，没有出现比删除前Cronbach's α系数值大的题项，这表明，各测量题项之间的一致性和稳定性都符合要求。

表4－11　信任影响因素各潜变量的信度分析

变量	α值	编码	CITC值	删除该项后的α值
感知云服务商品质	0.917	L1	0.782	0.901
		L2	0.753	0.908
		L3	0.824	0.855
感知信息安全程度	0.846	M1	0.774	0.810
		M2	0.846	0.769
		M3	0.718	0.839

（5）采纳意愿的信度分析。

据前面对信度方法的描述，我们已经确定要使用SPSS软件中的信度分析模块块来完成该项目工作，也就是使用软件度量功能下的可靠性分析模块来做信度分析测试，测试结果中会包含 Cronbach's α 系数，根据其值我们就可以判断被测问卷题项的信度是不是符合要求。从表 4 - 12 中对信任类因素变量的分析结果来看，采纳意愿的 Cronbach's α 系数值为 0.877，Cronbach's α 系数值全部都大于 0.70，而且全部的 CITC 值也都大于 0.5，信度分析表删除该项后的 Cronbach's α 值一栏中，没有出现比删除前 Cronbach's α 系数值大的题项，这表明，各测量题项之间的一致性和稳定性都符合要求。

表 4 - 12　　采纳意愿的信度分析

变量	α 值	编码	CITC 值	删除该项后的 α 值
采纳意愿	0.877	N1	0.782	0.901
		N2	0.753	0.908
		N3	0.824	0.855

4.1.3.4　构建效度检验

构建效度用于反映量表是不是能够真正地度量我们希望度量的变量，也就是设置的测量题项可以代表被测变量的程度。在问卷量表编制的初期，问卷的构建效度我们一般使用探索性因子分析（exploratory factor analysis，EFA）方法。探索性因子分析是在潜在因子尚不明确的的情况下，根据目前已获取的数据，从中分析得出潜在因子的过程。探索性因子分析的主要目的就是要分析获取有哪些潜在因子，以及计算出这些潜在因子和各观测变量间的相关程度。探索性因子分析通过因子载荷来推测因子结构。在本次研究中，我们采用的是 SPSS 22.0 统计软件来进行探索性因子分析。

检验过程中，我们首先要检验数据究竟是否适合做因子分析。主要的判断依据是观察 KMO 值和 Bartlett 球形检验结果。KMO 值越大，就表示数据之间的相关度越好，数据适合做探索性因子分析。一般来说，KMO 值如果大于 0.9，数据质量非常适合做因子分析；KMO 值如果在 0.8 ~ 0.9 之间，数据质量良好，因子分析结果良好；KMO 值如果在 0.7 ~ 0.8 之间，数据质量中等，因子分析效果中等；KMO 值如果小于 0.5，就表示数据质量很差，不适合做因子分析。同时，还要参考 Bartlett 球形检验，如果检验结果显著则表示适合做因子分析。

（1）技术类影响因素探索性因子分析。

我们在技术类影响因素的量表中共设置有 17 个问题，Bartlett 球形检验的近似卡方值为2189.872，KMO值为0.825，大于0.70，显著性水平为0.000，显示球形检验显著，能够进行探索性因子分析如表4-13所示。

表4-13 技术类影响因素的KMO与Bartlett检验

KMO值		0.825
Bartlett的球形检验	近似卡方	2189.872
	df	136.000
	Sig.	0.000

接下来，根据特征值高于1的原则，使用SPSS 22.0软件进行因子分析，我们采用最大方差法进行正交旋转，最终提取到五个特征值高于1的因子，如表4-14所示，所有因子载荷都大于0.5，累计解释方差达到79.175%，根据因子提取结果，我们可以发现技术类影响因素的测量题项由“相对优势”“复杂性”“兼容性”“感知成本”“可试性”等五个因子组成，量表的构建效度良好。

表4-14 技术类影响因素各变量的因子载荷

变量	题项	因子1	因子2	因子3	因子4	因子5	解释方差（累计）
相对优势	A1	0.815					28.026%
	A2	0.824					
	A3	0.726					
	A4	0.802					
	A5	0.783					
复杂性	B1		0.824				39.186%
	B2		0.823				
	B3		0.827				
兼容性	C1			0.831			55.231%
	C2			0.805			
	C3			0.829			
感知成本	D1				0.776		68.853%
	D2				0.813		
	D3				0.797		
可试性	E2					0.797	79.175%
	E3					0.832	
	E4					0.756	

（2）组织类影响因素探索性因子分析。

我们在组织类影响因素的量表中共设置有 10 个问题，Bartlett 球形检验的近似卡方值为 1659.105，KMO 值为 0.891，大于 0.70，显著性水平为 0.000，显示球形检验显著，能够进行探索性因子分析，如表 4 – 15 所示。

表 4 – 15　　组织类影响因素的 KMO 与 Bartlett 检验

KMO 值		0.891
Bartlett 的球形检验	近似卡方	1659.105
	df	45.000
	Sig.	0.000

接下来，根据特征值高于 1 的原则，使用 SPSS 22.0 软件进行因子分析，我们采用最大方差法进行正交旋转，最终提取到三个特征值高于 1 的因子，如表 4 – 16 所示，所有因子载荷都大于 0.5，累计解释方差达到 75.721%，根据因子提取结果，我们可以发现技术类影响因素的测量题项由“管理层态度”“资源就绪度”“需求迫切度”等三个因子组成，量表的构建效度良好。

表 4 – 16　　组织类影响因素各变量的因子载荷

变量	题项	因子 1	因子 2	因子 3	解释方差（累计）
管理层态度	F1	0.789			39.037%
	F2	0.812			
	F3	0.833			
资源就绪度	G1		0.833		53.520%
	G2		0.727		
	G3		0.842		
	G4		0.805		
需求迫切度	H1			0.732	75.721%
	H2			0.866	
	H3			0.793	

（3）环境类影响因素探索性因子分析。

我们在环境类影响因素量表中共设置有 10 个问题，Bartlett 球形检验的近似卡方值为 1789.655，KMO 值为 0.901，大于 0.70，显著性水平为 0.000，显示球形检验显著，能够进行探索性因子分析（如表 4 – 17 所示）。

表4－17　　环境类影响因素的KMO与Bartlett检验

KMO值		0.901
Bartlett的球形检验	近似卡方	1789.655
	Df	45.000
	Sig.	0.000

接下来，根据特征值高于1的原则，使用SPSS 22.0软件进行因子分析，我们采用最大方差法进行正交旋转，最终提取到三个特征值高于1的因子，如表4－18所示，所有因子载荷都大于0.5，累计解释方差达到80.125%，根据因子提取结果，我们可以发现技术类影响因素的测量题项由“潮流压力”“竞争压力”“政府支持”等三个因子组成，量表构建效度良好。

表4－18　　环境类影响因素各变量的因子载荷

变量	题项	因子1	因子2	因子3	解释方差（累计）
潮流压力	I1	0.764			41.547%
	I2	0.687			
	I3	0.829			
	I4	0.817			
竞争压力	J1		0.787		55.824%
	J2		0.868		
	J3		0.842		
政府支持	K1			0.792	80.125%
	K2			0.843	
	K3			0.811	

（4）信任类影响因素探索性因子分析。

我们在信任影响因素量表中共设置有6个问题，Bartlett球形检验的近似卡方值为823.185，KMO值为0.796，大于0.70，显著性水平为0.000，显示球形检验显著，能够进行探索性因子分析，如表4－19所示。

表4－19　　信任影响因素的KMO与Bartlett检验

KMO值		0.796
Bartlett的球形检验	近似卡方	823.185
	df	15.000
	Sig.	0.000

接下来，根据特征值高于1的原则，使用SPSS 22.0软件进行因子分析，我们采用最大方差法进行正交旋转，最终提取到二个特征值高于1的因子，如表4-20所示，所有因子载荷都大于0.5，累计解释方差达到73.367%，根据因子提取结果，我们可以发现技术类影响因素的测量题项由“感知云服务商品质”和“感知信息安全程度”二个因子组成，量表构建效度良好。

表4-20　信任影响因素各变量的因子载荷

变量	题项	因子1	因子2	解释方差（累计）
感知云服务商品质	L1	0.908		43.927%
	L2	0.860		
	L3	0.828		
感知信息安全程度	M1		0.891	73.367%
	M2		0.872	
	M3		0.623	

（5）采纳意愿影响因素探索性因子分析。

我们在采纳意愿影响因素量表中共设置有3个问题，Bartlett球形检验的近似卡方值为402.668，KMO值为0.850，大于0.70，显著性水平为0.000，显示球形检验显著，能够进行探索性因子分析，如表4-21所示。

表4-21　信任影响因素的KMO与Bartlett检验

KMO值		0.850
Bartlett的球形检验	近似卡方	402.668
	df	3.000
	Sig.	0.000

接下来，根据特征值高于1的原则，使用SPSS 22.0软件进行因子分析，我们采用最大方差法进行正交旋转，最终提取到一个特征值高于1的因子，如表4-22所示，所有因子载荷都大于0.5，累计解释方差达到87.539%，根据因子提取结果，我们可以发现技术类影响因素的测量题项由“采纳意愿”这一个因子组成，量表构建效度良好。

表4－22　信任影响因素各变量的因子载荷

变量	题项	因子1	解释方差（累计）
采纳意愿	N1	0.921	87.539%
	N2	0.882	
	N3	0.891	

4.1.4　正式问卷

在通过前面的小样本预测试之后，我们可以生成正式问卷的初始测量量表，如表4－23所示。

表4－23　正式问卷的初始测量量表

维度	测量变量	编号	测量题项
技术类因素	相对优势	A1	使用云计算服务可以提高公司的效率和收益
		A2	使用云计算服务可以降低公司的IT成本
		A3	使用云计算服务可以让组织管理更有效
		A4	使用云计算服务可以提高公司的竞争力
		A5	使用云计算服务可以提高公司的灵活性
	复杂性	B1	云计算服务的业务操作很复杂
		B2	使用云计算服务需要员工掌握的技能太复杂
		B3	使用云计算服务需要公司内部做出变革
	兼容性	C1	云计算服务与公司现有软硬件兼容
		C2	云计算服务与公司的工作业务兼容
		C3	云计算服务与公司的发展战略一致
	感知成本	D1	使用云计算服务需要较高的资金投入
		D2	使用云计算服务需要较高的人力投入
		D3	使用云计算服务需要较高的运维成本
	可试性	E1	决定采纳前，公司有充足的机会试用云计算服务
		E2	决定采纳前，公司有充足的时间试用云计算服务
		E3	决定采纳前，公司可以正确地试用云计算服务

续表

维度	测量变量	编号	测量题项
组织类因素	管理层态度	F1	管理层愿意提供足够的资金和人力支持
		F2	管理层愿意承担使用云计算服务的风险
		F3	管理层对云计算服务的功能和前景非常了解
	资源就绪度	G1	公司具有应用云计算服务的充足资金
		G2	公司具有应用云计算服务的富余人力
		G3	公司具有应用云计算服务必需的 IT 资源
		G4	公司员工具备应用云计算服务的技能
	需求迫切度	H1	公司内部有应用云计算服务的需求
		H2	相比其他需求，云计算服务的需求更迫切
		H3	应用云计算服务属于公司的增值环节
环境类因素	潮流压力	I1	社会上很多其他公司都应用了云计算服务，我们也要跟上
		I2	公司的很多合作伙伴和客户已经开始应用云计算服务
		I3	媒体和咨询机构都鼓励应用云计算服务
		I4	云计算是未来趋势，公司应该主动追随
	竞争压力	J1	竞争对手正在使用云计算服务，我们要赶上，不能落后
		J2	要在行业内领先，就要应用云计算服务
		J3	业内已经出现应用云计算服务获得竞争优势的竞争对手
	政府支持	K1	政府提供财政支持促进云计算发展
		K2	政府出台优惠政策促进云计算发展
		K3	政府对推动企业应用云计算制定了详细的规划
信任因素	感知云服务商品质	L1	云服务商在业内有很好的信誉
		L2	云服务商提供高品质的服务
		L3	云服务商具有很强的技术实力
	感知信息安全程度	M1	数据存储在云端很安全，不会因黑客攻击、监听等网络犯罪导致丢失或泄露
		M2	数据存储在云端很安全，不会因商业利益被云服务商滥用
		M3	数据存储在云端很安全，不会因为云服务平台技术问题而导致丢失

续表

维度	测量变量	编号	测量题项
结果变量	采纳意愿	N1	公司倾向于采纳云计算服务
		N2	公司预测将采纳云计算服务
		N3	公司肯定会采纳云计算服务
	采纳行为	AB	公司已经采纳或者已经决定采纳云计算服务

在此量表基础上，我们就可以设计正式问卷，问卷题项主要分为两个部分，第一部分为参加调研企业的基本信息调查，主要包括企业规模、企业发展阶段、企业所属行业等题项，第二部分是量表，测量企业用户采纳云计算服务的影响因素，主要包括技术类影响因素（相对优势、复杂性、兼容性、感知成本、可试性）、组织类影响因素（管理层态度、资源就绪度、需求迫切度）、环境类影响因素（潮流压力、竞争压力、政府支持）、信任类影响因素（感知云服务商品质、感知信息安全程度）、采纳意愿、采纳行为等维度共计 47 个调查题项。正式调查问卷的详细内容见附录 1。

4.2　问卷发放与数据收集

由于用户采纳云计算服务影响因素研究的对象是企业用户，主要需要调研目标企业的信息部门管理人员或其他相关管理层人员，这对于个人研究者来说存在一定的难度。所以此次调研，笔者主要通过两个渠道获取调研对象。一是借助与笔者所在地主要的云服务提供商的业务合作关系，向其客户和潜在客户发放调查问卷；二是通过与当地前期有过课题合作的经信委和商委等政府机构，同时利用政府部门推动“万企上云”活动的契机，向相关的企业发放调查问卷。问卷形式为电子邮件发放电子版问卷和线下发放纸质版问卷两种。本次研究问卷调查时间为 2017 年 7 月至 2017 年 8 月，期间共计向目标企业发放了 400 份问卷，回收 353 份，回收率为 88.3%，其中有效问卷 316 份，有效问卷率为 89.5%，去除无效问卷的主要原因有用户填写倾向性明显、问卷填写无差异、问卷规律性填写等。

4.3 数据处理分析方法

4.3.1 描述性分析

描述性统计分析指的是对样本总体特征进行描述和分析，通常描述被调研对象的属性分布情况，常用的指标包括平均值、百分比等。本书中的样本特征包括企业规模、企业所处行业和企业发展阶段三大类。

4.3.2 信度分析

信度是指测量的可靠程度或者可信程度，信度分析要检验的是所设计的量表对某个对象多次重复测量时结果是否一致和稳定。在预调研阶段采用的是Cronbach's α 信度系数法，Cronbach's α 信度系数是目前最常用的信度系数，其公式为：

$$\alpha = \left(\frac{n}{n-1}\right) \times \left(1 - \frac{\sum Si^2}{ST^2}\right) \tag{4-1}$$

其中，n 为量表中题项的总数，Si^2 为第 i 题得分的题内方差，ST^2 为全部题项总得分的方差。从公式 4 - 1 中可以看出，通过 α 系数可以判断量表中各题项之间的一致性。这种方法适用于态度、意见式问卷（量表）的信度分析。

在后续实证研究中进行验证性因子分析时，我们采用组合信度系数（Composite Reliability，CR）法，该方法的公式如下：

$$CR = \frac{(\sum \lambda)^2}{(\sum \lambda)^2 + \sum(\theta)} \tag{4-2}$$

该公式中标准化因子载荷用 λ 表示，测量误差为 θ，组合信度系数是通过因子载荷量计算的表示内部一致性信度质量的指标值。

4.3.3 效度分析

所谓效度（validity）就是指测量的有效程度或者准确程度，即测量得到的结果与要考察的内容是否相符，效度越高说明测量结果与考察内容的符合度就越高。本书中用到的效度包括内容效度和建构效度两种。

内容效度（content validity）又被称为逻辑效度，表示测量指标与测量目标之间的逻辑相符程度。

构建效度（construct validity）用于反映量表是不是能够真正地度量我们希望度量的变量，也就是设置的测量题项可以代表被测变量的程度。

构建效度又可分为两个次类，收敛效度与判别效度。

收敛效度（convergent validity）又叫聚合效度，是指相同概念里的项目，彼此之间相关度高。一般通过潜变量的平均方差提取值 AVE（average variance extracted）来表征收敛效度，如果 AVE 值大于 0.50，则表示该潜变量收敛效度良好。

判别效度（discriminant validity）又叫区分效度，是指不同概念里的项目，彼此相关度低。一般通过比较潜变量的 AVE 均方根值和该潜变量与其他变量间相关系数来表征判别效度。如果后者小于前者，则说明区分效度良好。计算 AVE 值的公式如式 4－3 所示，公式中的符号意义同上。

$$AVE = \frac{(\sum \lambda^2)}{(\sum \lambda^2) + \sum(\theta)} \tag{4-3}$$

本书中，我们在预调研阶段，进行小样本预测试时，由于潜在因子未知，所以采用了探索性因子分析法对问卷的效度进行了检验。而在正式调研阶段获取大样本数据后，我们在因子已知的情况下，需要验证模型与数据是否相符，故而将采用结构方程模型做验证性分析，检验收敛效度和判别效度。

对于验证性分析中需要用到的适配度指标和标准，本书采用了吴明隆（2010）给出的检测指标体系，如表 4－24 所示。

表 4－24　SEM 整体模型适配度的评价指标及其评价标准

统计检验量	适配的标准或临界值
χ^2/dfNC 值（卡方与自由度比率值）	1 < NC < 3，模型有简约适配程度 NC > 5，模型需要调整
RMSEA 渐进残差均方和平方根	RMSEA < 0.08 适配合理 RMSEA < 0.05 适配良好
GFI 良适性适配指标	> 0.90
AGFI 调整后良适性适配指标	> 0.90

续表

统计检验量	适配的标准或临界值
NFI 规准适配指数	>0.90
CFI 比较适配指数	>0.90
IFI 增值适配指数	>0.90

4.3.4 结构方程模型分析

本书在研究企业用户云计算服务采纳行为时，主要目的是要找出那些对采纳行为产生影响的关键因素，并分析它们对采纳意愿和行为的影响。基于该目标，我们采用结构方程模型 SEM（structural equation modeling）来进行数据的统计分析。结构方程融合了因子分析和路径分析等统计分析方法，在研究难以测量的抽象概念及其复杂关系时较为方便。

在结构方程模型中，变量分为显变量和潜变量两种，显变量又被称为观测变量，这类变量是可以被直接测量的；潜变量是不能够被直接测量的变量，需转为观测变量后才可以对其进行测量。潜变量又可以分为内因潜变量和外因潜变量，内因潜变量是因变量，会受到别的变量影响，外因潜变量是自变量，不受别的潜变量影响，但会影响别的变量。结构方程模型就是用来研究这些潜变量及其关系，所以有时候又被称为潜在变量模型。

一个结构方程模型包含三个矩阵方程式，分为测量模型和结构模型两个次模型：

（1）测量模型。

$$X = \Lambda_x \xi + \delta \quad (4-4)$$

$$Y = \Lambda_y \eta + \varepsilon \quad (4-5)$$

（2）结构模型。

$$\eta = B\eta + \tau\xi + \zeta \quad (4-6)$$

其中，测量模型包含两个矩阵方程式，结构模型包含一个矩阵方程式，矩阵方程式中各变量的含义如下：

X：ξ 的观察变量或测量指标；

ξ：外因潜在变量（自变量）；

Λ_x：外因观测变量与外因潜变量之间关联的系数矩阵；

δ：外因观测变量 x 的测量误差；

Y：η 的观察变量或测量指标；

η：内因潜在变量（因变量）；

B：路径系数，表示内因潜在变量之间的关系；

τ：路径系数，表示外因潜在变量对内因潜在变量的影响；

ζ：内因潜在变量的误差。

结构方程模型方法是一种验证性的分析方法，用于检验提出的模型是否合理。使用结构方程模型分析的过程主要包括 5 个步骤，分别是模型的设定、模型的识别、模型的估计、模型的评价和模型的修正。模型的设定阶段需要确定模型中各潜变量、观测变量以及变量间的关系，初步拟定方程组。模型的识别阶段需要决定模型能否对待估计参数求解。模型的估计阶段通常采用极大似然法或广义最小二乘法来进行模型参数估计。模型的评价阶段通过模型和数据的拟合情况判断模型对样本数据的解释效果。模型的修正阶段是对拟合效果不理想的模型进行修正。

4.4　本章小结

本章主要基于第 3 章提出的研究模型和研究假设，进行量表的编制和问卷的设计开发。依据问卷设计的一般步骤和原则，参考前人研究中被证实有效的一些成熟量表，结合研究模型进行量表开发，并根据专家的意见进行多次修改，最终确定初始量表。对初始量表在小范围内进行预测试，通过信度和效度分析确定量表的有效性，根据分析结果作相应修改从而生成最终的正式问卷，以便于进行下一步的实证研究和分析。

第5章 企业用户云计算服务采纳行为实证研究

第4章已经就企业用户云计算服务采纳行为研究开发了专用的量表，发放了正式问卷并收集数据。本章将使用调研数据进一步展开实证研究，采用验证性因子分析法进行信度和效度检验，并通过结构方程模型法进行数据拟合分析、路径分析和假设检验，随后分析企业特质对采纳行为的影响，并将样本按照不同的企业特质分组，进行分组结构模型拟合分析，对采纳模型进行修正。

5.1 描述性统计分析

本次研究问卷调查从2017年7月开始至2017年8月结束，共计向目标企业发放问卷400份，共回收353份，回收率为88.3%，其中有效问卷316份，有效问卷率为89.5%，去除无效问卷的主要原因有用户填写倾向性明显、问卷填写无差异、问卷规律性填写等。

参与调查公司的统计性描述如表5-1所示，总体而言，具有广泛的代表性。

表5-1 描述性统计

项目	分类	样本	
		数量	百分比（%）
企业所属行业	工业	93	29.5
	农业	88	27.8
	服务业	135	42.7
企业规模	微型	58	18.3
	小型	84	26.6
	中型	98	31.0
	大型	76	24.1

续表

项目	分类	样本	
		数量	百分比（%）
企业发展阶段	初创期	116	36.8
	成长期	118	37.3
	成熟期	82	25.9

5.2 信度和效度分析

在进行预测试的时候，我们已经通过采用克隆巴哈系数法和探索性因子分析检验了小样本数据的信度以及效度。探索性因子分析法（exploratory factor analysis，EFA）通常被用于对测量题项进行提炼和降维，其主要目的是为了找出那些负载较低或者跨因子载荷的题目，将其删除后用以提高问卷效度。而在实证分析中，我们则主要会采用验证性因子分析法（confirmatory factor analysis，CFA）来对量表的信度和效度进行检验。判断指标主要包括因子载荷、平均方差提取值（average variance extracted，AVE）、组合信度（composite reliability，CR）等。

实证研究中要检验的效度主要分为两个部分，一是收敛效度，我们要检验同一个潜在变量的测量题项是否是高度相关的，所以又称为聚合效度；二是判别效度，我们要检验一个测量题项是属于它对应的潜变量，还是属于量表中的其他变量，也就是指标与它对应的因子的相关程度。

对于实证分析中信度与效度的评判标准，我们采用了被学界普遍承认和采纳的标准。Chin（1999）提出组合信度（composite reliability，CR）的数值要大于0.7，平均方差提取值（AVE）要高于0.5，Fornell－Lacker准则规定潜变量的AVE值要比其他所有潜变量的相关系数的平方高，才能认为具有良好的收敛效度和区分效度。

在本书中，采用Bollen等人（2000）提出的方法，在评估假设模型时，可以对研究模型的各个假设逐个分别进行检验，这与本书的目的是一致的。在后续章节中，本书将分别对云计算服务采纳行为模型的各个部分逐一地展开验证性因子分析，从而对信度及效度进行检验。

5.2.1 技术类影响因素的信度和效度分析

采纳模型中技术类影响因素总共可分为5大类，其中相对优势因素下设5个题项，复杂性因素下设3个题项，兼容性因素下设3个题项，感知成本因素下设3个题项，可试性因素下设3个题项，总计17个题项。技术类影响因素的测量模型如图5-1所示。

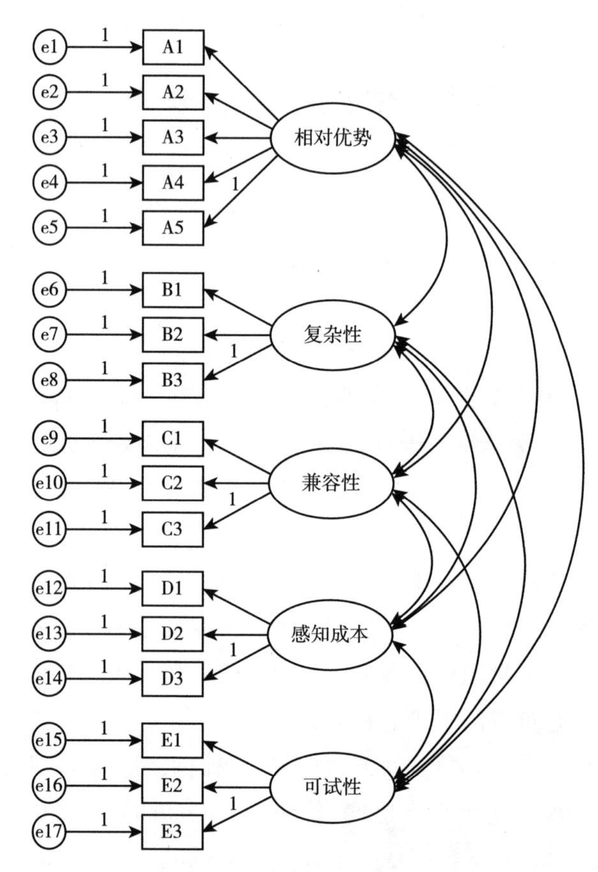

图5-1 技术类影响因素测量模型

本次研究的验证性因子分析过程中，我们使用的是结构方程模型分析软件AMOS 24.0，根据软件对上述技术类影响因素测量模型进行验证性因子分析的结果，得到如下的适配度系数：卡方与自由度比率值NC=2.966，小于3，渐进残差均方和平方根RMSEA=0.043，小于0.05，适配良好，比较适配指数CFI=0.918，大于0.90，调整后良适性适配指标AGFI=0.931，大于0.90，比较适配指数 CFI = 0.939，大于 0.90，规准适配指数 NFI = 0.929，大于 0.90，增值适配指数 IFI = 0.952，大于 0.90，p = 0.000，由此可见，模型的拟合指数都符合标准，各参数估计符合显著水平，该模型是有效的。

技术类影响因素的验证性隐私分析结果如表 5－2 所示，组合信度的最大值为 0.906，最小值为 0.797，均大于 0.70 的标准，信度符合要求，平方差提取值 AVE 的最大值为 0.790，最小值为 0.623，大于 0.5，符合标准，因此技术类影响因素的量表具有良好的收敛效度。

表 5－2　　技术类影响因素验证性因子分析结果

潜变量	测量题项	标准载荷	T 值	组合信度	AVE
相对优势	A1	0.794	—	0.797	0.623
	A2	0.815	15.273		
	A3	0.732	14.165		
	A4	0.838	12.739		
	A5	0.862	16.736		
复杂性	B1	0.832	—	0.878	0.784
	B2	0.783	17.269		
	B3	0.912	31.573		
兼容性	C1	0.801	—	0.869	0.768
	C2	0.839	25.850		
	C3	0.858	27.584		
感知成本	D1	0.915	—	0.835	0.747
	D2	0.834	21.868		
	D3	0.758	19.726		
可试性	E1	0.869	—	0.906	0.790
	E2	0.795	31.658		
	E3	0.817	22.193		

判别效度用于判断测量题项与潜变量之间的相关程度，又被称为区分效度，按本书前述的判断方法，将通过比较平方差提取值 AVE 和潜变量相关系数矩阵来进行检验。如果平方差提取值 AVE 的算术平方根明显大于它和别的因子的相关系数，就表明该量表的判别效度符合要求。表 5－3 为技术类影响因素 AVE 平方根与因子相关系数。从表中可以看到，对角线上的值为平方差提取值 AVE 的平方根，对角线以下的是其他变量之间的相关系数值，对角线上的最小值是

0.789，非对角线上的最大值是0.752，也就是说平方差提取值AVE的平方根比所有潜变量的相关系数要大，该量表区分效度良好。

表5-3 技术类影响因素各变量AVE平方根与变量相关系数

	相对优势	复杂性	兼容性	感知成本	可试性
相对优势	0.789				
复杂性	0.465	0.885			
兼容性	0.483	0.752	0.876		
感知成本	0.525	0.536	0.632	0.864	
可试性	0.384	0.433	0.282	0.387	0.888

5.2.2 组织类影响因素的信度和效度分析

采纳模型中组织类影响因素总共可分为3大类，其中管理层态度因素下设3个题项，资源就绪度因素下设4个题项，需求迫切度因素下设3个题项，总计10个题项。组织类影响因素的测量模型如图5-2所示。

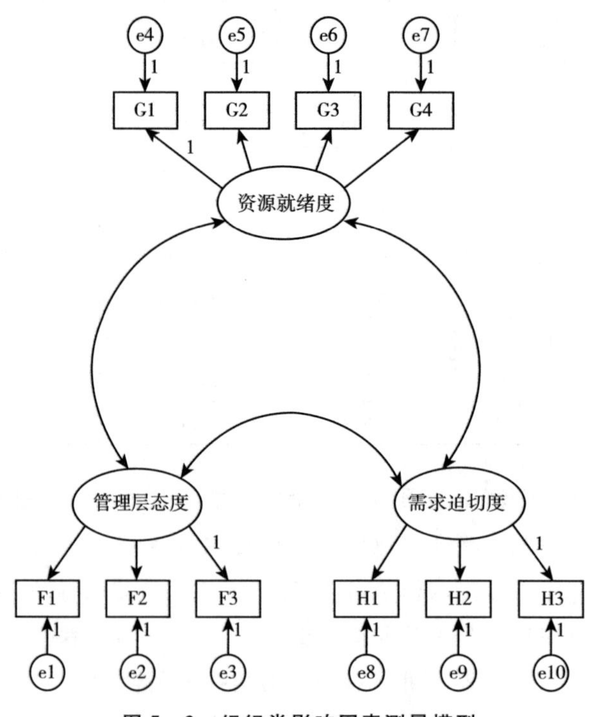

图5-2 组织类影响因素测量模型

本次研究的验证性因子分析过程中，我们使用的是结构方程模型分析软件AMOS 24.0，根据软件对上述组织类影响因素测量模型进行验证性因子分析的结果，得到如下的适配度系数：卡方与自由度比率值 NC = 2.857，小于3，渐进残差均方和平方根 RMSEA = 0.038，小于0.05，适配良好，比较适配指数 CFI = 0.918，大于0.90，调整后良适性适配指标 AGFI = 0.926，大于0.90，比较适配指数 CFI = 0.931，大于0.90，规准适配指数 NFI = 0.917，大于0.90，增值适配指数 IFI = 0.947，大于0.90，p = 0.000，由此可见，模型的拟合指数都符合标准，各参数估计符合显著水平，该模型是有效的。

组织类影响因素的验证性因子分析结果如表5－4所示，组合信度的最大值为0.895，最小值为0.804，均大于0.70的标准，信度符合要求，平方差提取值AVE的最大值为0.790，最小值为0.687，大于0.5，符合标准，因此组织类影响因素的量表具有良好的收敛效度。

表5－4　　组织类影响因素验证性因子分析结果

潜变量	测量题项	标准载荷	T值	组合信度	AVE
管理层态度	F1	0.759	—	0.875	0.763
	F2	0.885	25.476		
	F3	0.826	22.853		
资源就绪度	G1	0.806	—	0.895	0.704
	G2	0.817	30.976		
	G3	0.737	25.801		
	G4	0.831	19.683		
需求迫切度	H1	0.729	—	0.804	0.687
	H2	0.697	16.948		
	H3	0.872	26.927		

判别效度用于判断测量题项与潜变量之间的相关程度，又被称为区分效度，按本文前述的判断方法，将通过比较平方差提取值AVE和潜变量相关系数矩阵来进行检验。如果平方差提取值AVE的算术平方根明显大于它和别的因子的相关系数，就表明该量表的判别效度符合要求。表5－5为组织类影响因素AVE平方根与因子相关系数。从表5－5中可以看到，对角线上的值为平方差提取值AVE的平方根，对角线以下的是其他变量之间的相关系数值，对角线上的最小值是0.828，非对角线上的最大值是0.582，也就是说平方差提取值AVE的平方根比所有潜变量的相关系数要大，该量表区分效度良好。

表 5－5　组织类影响因素各变量 AVE 平方根与变量相关系数

	管理层态度	资源就绪度	需求迫切度
管理层态度	0.873		
资源就绪度	0.517	0.839	
需求迫切度	0.582	0.479	0.828

5.2.3　环境类影响因素的信度和效度分析

采纳模型中环境类影响因素总共可分为 3 大类，其中潮流压力因素下设 4 个题项，竞争压力因素下设 3 个题项，政府支持因素下设 3 个题项，总计 10 个题项。环境类影响因素的测量模型如图 5－3 所示。

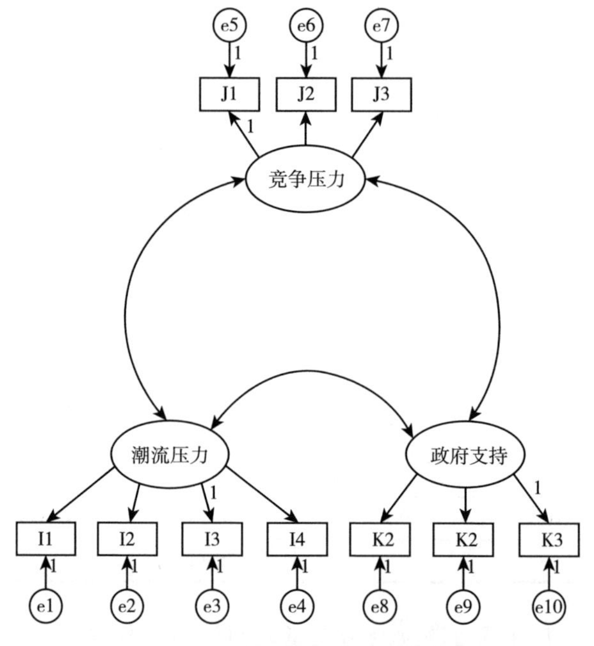

图 5－3　环境类影响因素测量模型

本次研究的验证性因子分析过程中，我们使用的是结构方程模型分析软件 AMOS 24.0，根据软件对上述环境类影响因素测量模型进行验证性因子分析的结果，得到如下的适配度系数：卡方与自由度比率值 NC＝2.925，小于 3，渐进残差均方和平方根 RMSEA＝0.041，小于 0.05，适配良好，比较适配指数 CFI＝0.953，大于 0.90，调整后良适性适配指标 AGFI＝0.942，大于 0.90，比较适配指数 CFI＝0.950，大于 0.90，规准适配指数 NFI＝0.938，大于 0.90，增值适配指数 IFI = 0.961，大于 0.90，p = 0.000，由此可见，模型的拟合指数都符合标准，各参数估计符合显著水平，该模型是有效的。

环境类影响因素的验证性因子分析结果如表 5 - 6 所示，组合信度的最大值为 0.913，最小值为 0.824，均大于 0.70 的标准，信度符合要求，平方差提取值 AVE 的最大值为 0.802，最小值为 0.738，大于 0.5，符合标准，因此环境类影响因素的量表具有良好的收敛效度。

表 5 - 6　　环境类影响因素验证性因子分析结果

潜变量	测量题项	标准载荷	T 值	组合信度	AVE
潮流压力	I1	0.864	—	0.841	0.738
	I2	0.852	19.830		
	I3	0.821	15.917		
	I4	0.799	14.926		
竞争压力	J1	0.863	—	0.913	0.762
	J2	0.872	28.482		
	J3	0.825	23.628		
政府支持	K1	0.734	—	0.824	0.802
	K2	0.828	41.357		
	K3	0.819	22.364		

判别效度用于判断测量题项与潜变量之间的相关程度，又被称为区分效度，按本文前述的判断方法，将通过比较平方差提取值 AVE 和潜变量相关系数矩阵来进行检验。如果平方差提取值 AVE 的算术平方根明显大于它和别的因子的相关系数，就表明该量表的判别效度符合要求。表 5 - 7 为环境类影响因素 AVE 平方根与因子相关系数。从表 5 - 7 中可以看到，对角线上的值为平方差提取值 AVE 的平方根，对角线以下的是其他变量之间的相关系数值，对角线上的最小值是 0.859，非对角线上的最大值是 0.643，也就是说平方差提取值 AVE 的平方根比所有潜变量的相关系数要大，该量表区分效度良好。

表 5 - 7　　环境类影响因素各变量 AVE 平方根与变量相关系数

	潮流压力	竞争压力	政府支持
潮流压力	0.859		
竞争压力	0.578	0.872	
政府支持	0.643	0.482	0.895

5.2.4 信任影响因素的信任度和效度分析

采纳模型中信任类影响因素总共可分为2大类，其中感知云服务商品质因素下设3个题项，感知信息安全程度因素下设3个题项，总计6个题项。信任影响因素的测量模型如图5－4所示。

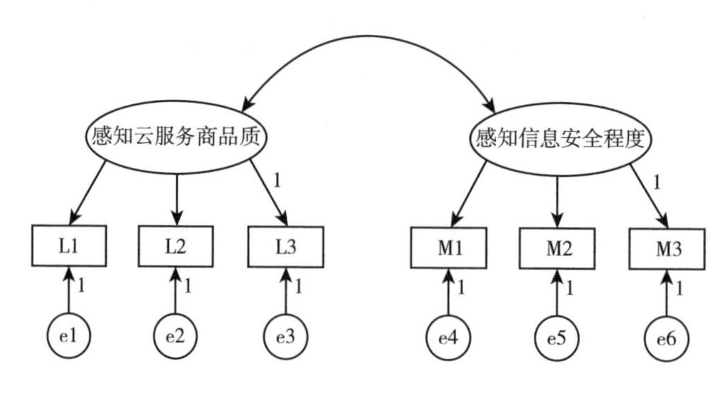

图5－4 信任类影响因素测量模型

本次研究的验证性因子分析过程中，我们使用的是结构方程模型分析软件AMOS 24.0，根据软件对上述信任影响因素测量模型进行验证性因子分析的结果，得到如下的适配度系数：卡方与自由度比率值NC＝2.732，小于3，渐进残差均方和平方根RMSEA＝0.035，小于0.05，适配良好，比较适配指数CFI＝0.951，大于0.90，调整后良适性适配指标AGFI＝0.962，大于0.90，比较适配指数CFI＝0.945，大于0.90，规准适配指数NFI＝0.911，大于0.90，增值适配指数IFI＝0.971，大于0.90，p＝0.000，由此可见，模型的拟合指数都符合标准，各参数估计符合显著水平，该模型是有效的。

信任影响因素的验证性因子分析结果如表5－8所示，组合信度的最大值为0.863，最小值为0.827，均大于0.70的标准，信度符合要求，平方差提取值AVE的最大值为0.786，最小值为0.699，大于0.5，符合标准，因此信任影响因素的量表具有良好的收敛效度。

判别效度用于判断测量题项与潜变量之间的相关程度，又被称为区分效度，按本文前述的判断方法，将通过比较平方差提取值AVE和潜变量相关系数矩阵来进行检验。如果平方差提取值AVE的算术平方根明显大于它和别的因子的相关系数，就表明该量表的判别效度符合要求。表5－9为信任影响因素AVE平方根与因子相关系数。从表5－9中可以看到，对角线上的值为平方差提取值AVE的

表5-8　信任影响因素验证性因子分析结果

潜变量	测量题项	标准载荷	T值	组合信度	AVE
感知云服务商品质	L1	0.683	—	0.827	0.699
	L2	0.822	22.734		
	L3	0.807	28.791		
感知信息安全程度	M1	0.785	—	0.863	0.786
	M2	0.771	19.184		
	M3	0.834	17.878		

平方根，对角线以下的是其他变量之间的相关系数值，对角线上的最小值是0.836，非对角线上的最大值是0.886，也就是说平方差提取值AVE的平方根比所有潜变量的相关系数要大，该量表区分效度良好。

表5-9　信任影响因素各变量AVE平方根与变量相关系数

	感知云服务商品质	感知信息安全程度
感知云服务商品质	0.836	
感知信息安全程度	0.652	0.886

5.3　结构方程模型分析与假设检验

5.3.1　技术类影响因素的结构方程模型

5.3.1.1　方程构建与数据拟合分析

根据结构方程模型列出结构方程。其中，外因潜在变量（自变量）总共5个，分别是相对优势 ξ_1，复杂度 ξ_2，兼容性 ξ_3，感知成本 ξ_4，可试性 ξ_5。内因潜在变量（因变量）共2个，分别是采纳意愿 η_1 和采纳行为 η_2，其中力 γ_{11}、γ_{12}、γ_{13}、γ_{14}、γ_{15}分别表示5种技术类影响因素与采纳意愿的路径系数，β_{21}表示采纳意愿与采纳行为的路径系数，ζ_1和ζ_2是结构方程的误差项。技术类影响因素影响企业用户云计算服务采纳行为的结构方程模型如图5-5所示。

$$\eta_1 = \gamma_{11}\xi_1 + \gamma_{12}\xi_2 + \gamma_{13}\xi_3 + \gamma_{14}\xi_4 + \gamma_{15}\xi_5 + \zeta_1 \quad (5-1)$$

$$\eta_2 = \beta_{21}\eta_1 + \zeta_2 \quad (5-2)$$

对图5－5中结构方程模型进行模型与数据拟合度分析，研究采用AMOS 24.0软件并使用极大似然法进行，得到该模型与数据拟合情况如下表所示。其中，卡方与自由度比率值NC＝2.856，小于3，渐进残差均方和平方根RMSEA＝0.041，小于0.05，适配良好，比较适配指数CFI＝0.947，大于0.90，调整后良适性适配指标AGFI＝0.953，大于0.90，比较适配指数CFI＝0.931，大于0.90，规准适配指数NFI＝0.936，大于0.90，增值适配指数IFI＝0.943，大于0.90，拟合指数都符合标准范围，各参数值也均在显著水平范围以内，拟合效果较为理想，模型有效。

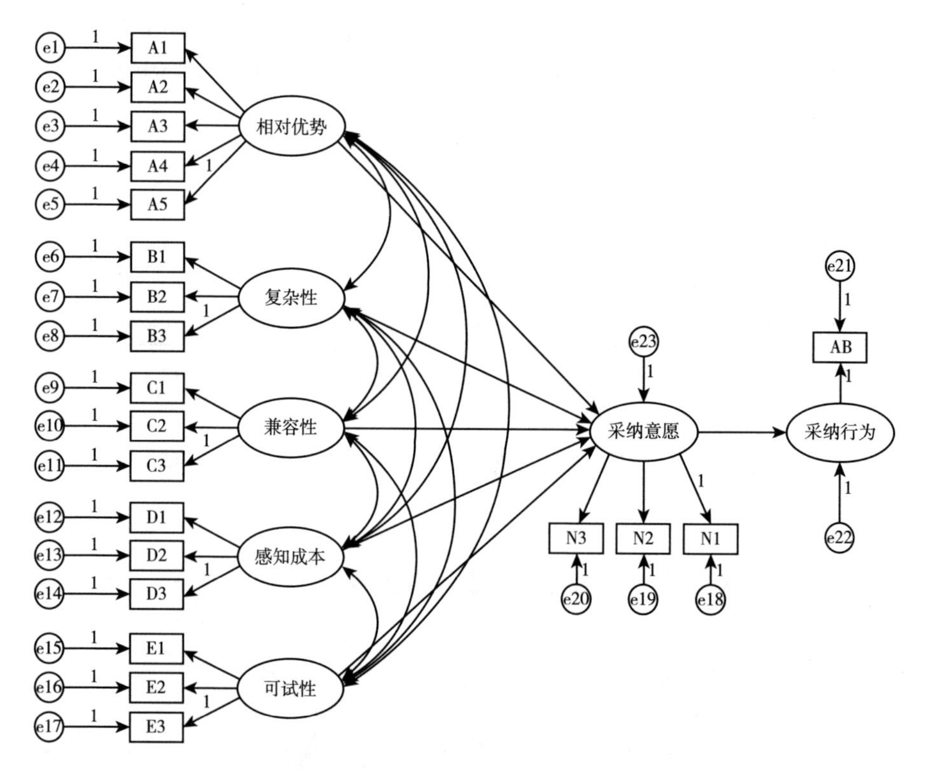

图5－5 技术类影响因素对采纳意愿影响的结构方程模型

5.3.1.2 路径分析与假设检验

因为结构方程模型从根本上来说是一种统计分析方法，用于处理因果关系，所以我们通过因子分析和路径分析，就能够在同一时间处理多组潜在的因变量和潜在的自变量之间的关系，从而能够用于验证性分析。根据软件分析的结果如表5－10所示：

表5-10 技术类影响因素研究假设的验证

研究假设	路径系数	T值	结论
H1a：相对优势与企业用户采纳云计算服务显著正相关	0.038	0.275	拒绝
H1b：复杂性与企业用户采纳云计算服务显著负相关	-0.062	-0.476	拒绝
H1c：兼容性与企业用户采纳云计算服务显著正相关	0.206	2.727**	支持
H1d：感知成本与企业用户采纳云计算服务显著负相关	-0.252	-4.232***	支持
H1e：可试性与企业用户采纳云计算服务显著正相关	0.147	2.635**	支持
H5：企业用户云计算服务采纳意愿与采纳行为显著正相关	0.253	3.391***	支持

注：*、**、*** 分别表示在 p<=0.05、0.01、0.001 的水平下通过显著性检验。

根据路径分析的结果，因为H1a和H1b两个假设被拒绝，所以我们需要删除相对优势和复杂性与采纳意愿之间的路径，对模型再次进行修正，修正后卡方与自由度比率值NC=2.763，小于3，渐进残差均方和平方根RMSEA=0.038，小于0.05，适配良好，比较适配指数CFI=0.951，大于0.90，调整后良适性适配指标AGFI=0.946，大于0.90，比较适配指数CFI=0.929，大于0.90，规准适配指数NFI=0.941，大于0.90，增值适配指数IFI=0.955，大于0.90，兼容性、感知成本、可试性对采纳意愿路径的影响系数分别变更为0.233、-0.264、0.185，采纳意愿对采纳行为路径的影响系数变更为0.289，拟合指数都符合标准范围，各参数值均在显著水平范围以内，拟合效果较为理想，模型有效。修正后技术类影响因素对采纳意愿影响模型的路径系数如表5-11所示。

表5-11 修正后技术类影响因素对采纳意愿影响模型的路径系数

研究假设	模型路径	路径系数	T值
H1c：兼容性与企业用户采纳云计算服务显著正相关	兼容性→采纳意愿	0.233	2.973**
H1d：感知成本与企业用户采纳云计算服务显著负相关	感知成本→采纳意愿	-0.264	-4.467***
H1e：可试性与企业用户采纳云计算服务显著正相关	可试性→采纳意愿	0.185	2.866**
H5：企业用户云计算服务采纳意愿与采纳行为显著正相关	采纳意愿→采纳行为	0.289	3.572***

注：*，**，*** 分别表示在 p<=0.05，0.01，0.001 的水平下通过显著性检验。

修正后技术影响因素对采纳意愿影响的结构方程模型如图5-6所示。

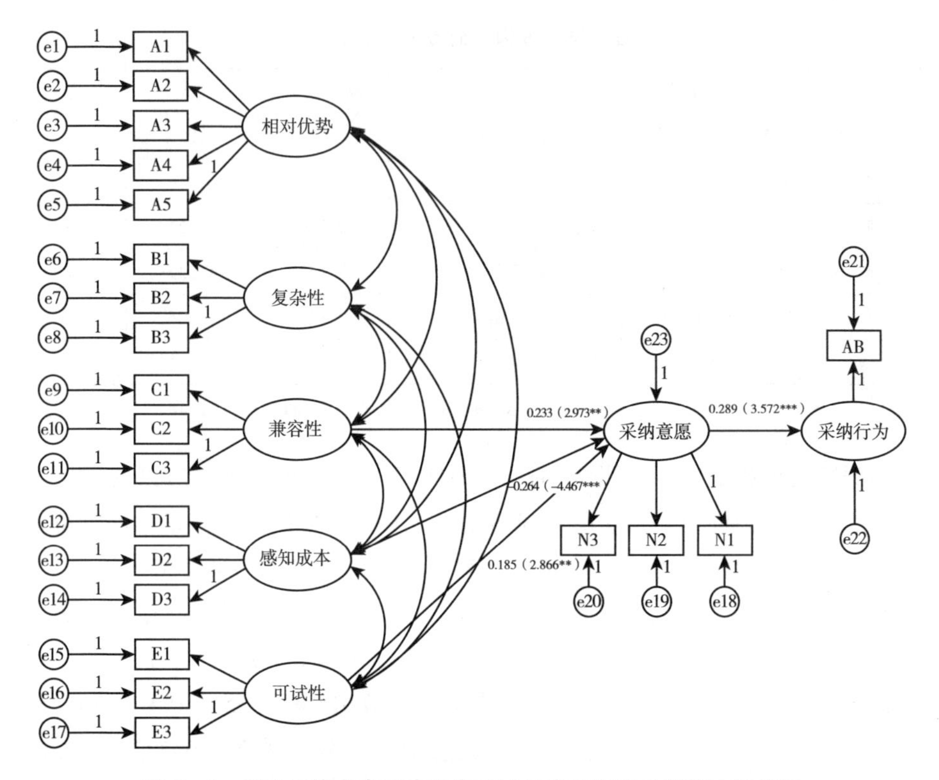

图 5－6 修正后技术类影响因素对采纳意愿影响的结构方程模型

5.3.2 组织类影响因素的结构方程模型

5.3.2.1 方程构建与数据拟合分析

根据结构方程模型列出结构方程。其中，外因潜在变量（自变量）总共 3 个，分别是管理层态度 ξ_1，资源就绪度 ξ_2，需求迫切度 ξ_3。内因潜在变量（因变量）共 2 个，分别是采纳意愿 η_1 和采纳行为 η_2，其中力 γ_{11}、γ_{12}、γ_{13} 分别表示三种组织类影响因素与采纳意愿的路径系数，β_{21} 表示采纳意愿与采纳行为的路径系数，ζ_1 和 ζ_2 是结构方程的误差项。组织类影响因素影响企业用户云计算服务采纳行为的结构方程模型如图 5－7 所示。

$$\eta_1 = \gamma_{11}\xi_1 + \gamma_{12}\xi_2 + \gamma_{13}\xi_3 + \zeta_1 \quad (5-3)$$

$$\eta_2 = \beta_{21}\eta_1 + \zeta_2 \quad (5-4)$$

对图 5－7 结构方程模型进行模型与数据拟合度分析，研究采用 AMOS 24.0 软件并使用极大似然法进行，得到该模型与数据的拟合情况。其中，卡方与自由

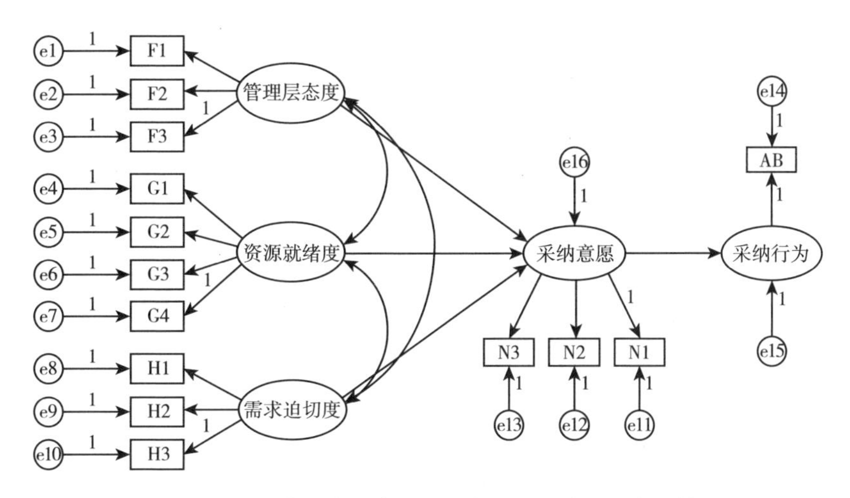

图 5 - 7　组织类影响因素对采纳意愿影响的结构方程模型

度比率值 NC = 3.121，小于 5，属于可接受范围，渐进残差均方和平方根 RMSEA = 0.045，小于 0.05，适配良好，比较适配指数 CFI = 0.938，大于 0.90，调整后良适性适配指标 AGFI = 0.942，大于 0.90，比较适配指数 CFI = 0.935，大于 0.90，规准适配指数 NFI = 0.944，大于 0.90，增值适配指数 IFI = 0.937，大于 0.90，拟合指数都符合标准范围，各参数值也均在显著水平范围以内，拟合效果较为理想，模型有效。

5.3.2.2　路径分析与假设检验

因为结构方程模型从根本上来说是一种统计分析方法，用于处理因果关系，所以我们通过因子分析和路径分析，就能够在同一时间处理多组潜在的因变量和潜在的自变量之间的关系，从而能够用于验证性分析。根据软件分析的结果如表 5 - 12 所示：

表 5 - 12　　组织类影响因素研究假设的验证

研究假设	路径系数	T 值	结论
H2a：管理层态度与企业用户采纳云计算服务显著正相关	0.253	4.143 ***	支持
H2b：资源就绪度与企业用户采纳云计算服务显著正相关	0.015	0.118	拒绝
H2c：需求迫切度与企业用户采纳云计算服务显著正相关	0.272	3.748 ***	支持
H5：企业用户云计算服务采纳意愿与采纳行为显著正相关	0.163	3.609 ***	支持

注：*，**，*** 分别表示在 p < = 0.05，0.01，0.001 的水平下通过显著性检验。

根据路径分析的结果，因为 H2b 假设被拒绝，所以我们需要删除资源就绪度与采纳意愿之间的路径，对模型再次进行修正，修正后卡方与自由度比率值NC = 2.916，小于3，渐进残差均方和平方根RMSEA = 0.042，小于0.05，适配良好，比较适配指数CFI = 0.946，大于0.90，调整后良适性适配指标AGFI = 0.949，大于0.90，比较适配指数CFI = 0.933，大于0.90，规准适配指数NFI = 0.952，大于0.90，增值适配指数IFI = 0.955，大于0.90，管理层态度和需求迫切度对采纳意愿路径的影响系数分别变更为0.259和0.296，采纳意愿对采纳行为路径的影响系数变更为0.187，拟合指数都符合标准范围，各参数值也均在显著水平范围以内，拟合效果较为理想，模型有效。修正后组织类影响因素对采纳意愿影响模型的路径系数如表5-13所示。

表5-13 修正后组织类影响因素对采纳意愿影响模型的路径系数

研究假设	模型路径	路径系数	T值
H2a：管理层态度与企业用户采纳云计算服务显著正相关	管理层态度→采纳意愿	0.259	4.265 ***
H2c：需求迫切度与企业用户采纳云计算服务显著负相关	需求迫切度→采纳意愿	0.296	3.933 ***
H5：企业用户云计算服务采纳意愿与采纳行为显著正相关	采纳意愿→采纳行为	0.187	3.856 ***

注：*，**，*** 分别表示在p< =0.05，0.01，0.001的水平下通过显著性检验。

修正后组织类影响因素对采纳意愿影响的结构方程模型如图5-8所示。

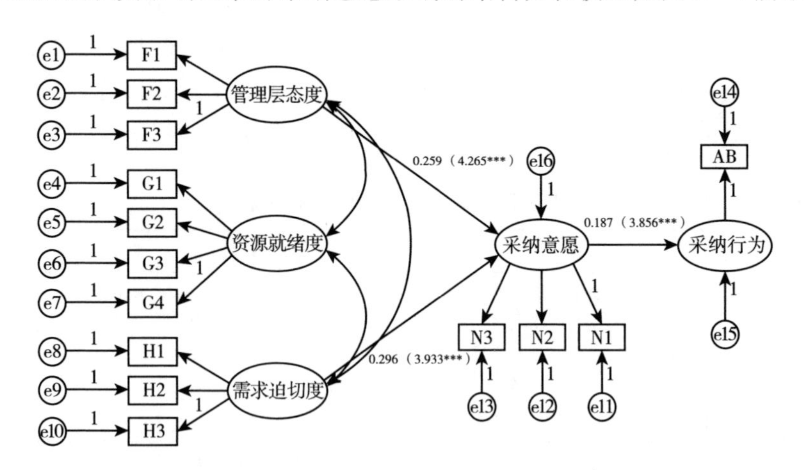

图5-8 修正后组织类影响因素对采纳意愿影响的结构方程模型

5.3.3　环境类影响因素的结构方程模型

5.3.3.1　方程构建与数据拟合分析

根据结构方程模型列出结构方程。其中，外因潜在变量（自变量）总共3个，分别是潮流压力 ξ_1，竞争压力 ξ_2，政府支持 ξ_3。内因潜在变量（因变量）共2个，分别是采纳意愿 η_1 和采纳行为 η_2，其中力 γ_{11}、γ_{12}、γ_{13} 分别表示3种环境类影响因素与采纳意愿的路径系数，β_{21} 表示采纳意愿与采纳行为的路径系数，ζ_1 和 ζ_2 是结构方程的误差项。环境类影响因素影响企业用户云计算服务采纳行为的结构方程模型如图5-9所示。

$$\eta_1 = \gamma_{11}\xi_1 + \gamma_{12}\xi_2 + \gamma_{13}\xi_3 + \zeta_1 \tag{5-5}$$

$$\eta_2 = \beta_{21}\eta_1 + \zeta_2 \tag{5-6}$$

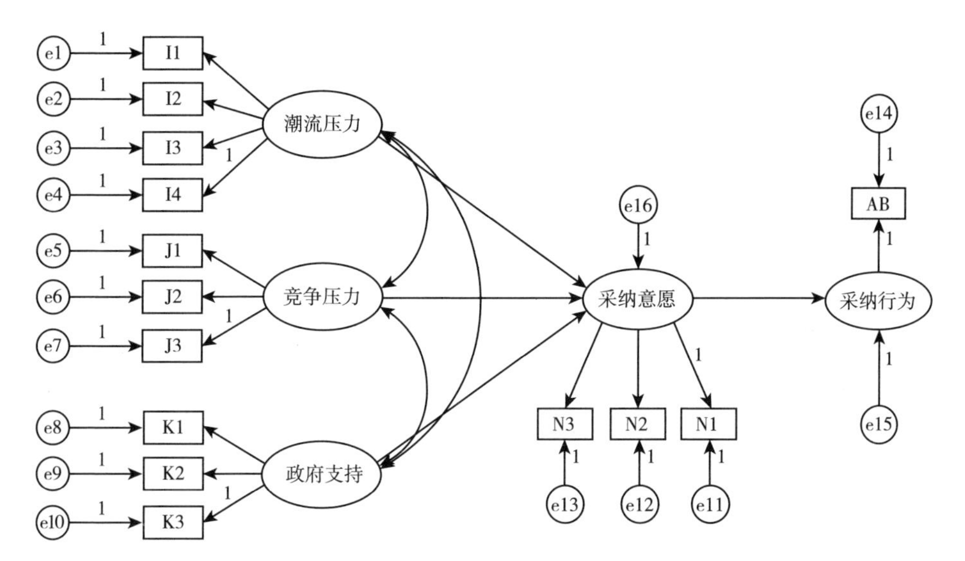

图5-9　环境类影响因素对采纳意愿影响的结构方程模型

对图5-9结构方程模型进行模型与数据拟合度分析，研究采用AMOS 24.0软件并使用极大似然法进行，得到该模型与数据拟合情况如下表所示。其中，卡方与自由度比率值NC=2.893，小于3，渐进残差均方和平方根RMSEA=0.047，小于0.05，适配良好，比较适配指数CFI=0.939，大于0.90，调整后良适性适配指标AGFI=0.941，大于0.90，比较适配指数CFI=0.944，大于0.90，规准适配指数NFI=0.928，大于0.90，增值适配指数IFI=0.956，大于0.90，拟合指数都符合标准范围，各参数值也均在显著水平范围以内，拟合效果较为理想，模型有效。

5.3.3.2 路径分析与假设检验

因为结构方程模型从根本上来说是一种统计分析方法，用于处理因果关系，所以我们通过因子分析和路径分析，就能够在同一时间处理多组潜在的因变量和潜在的自变量之间的关系，从而能够用于验证性分析。根据软件分析的结果如表5－14所示。

表5－14 环境类影响因素研究假设的验证

研究假设	路径系数	T值	结论
H3a：潮流压力与企业用户采纳云计算服务显著正相关	0.203	2.668**	支持
H3b：竞争压力与企业用户采纳云计算服务显著正相关	0.065	0.182	拒绝
H3c：政府支持与企业用户采纳云计算服务显著正相关	0.317	2.752**	支持
H5：企业用户云计算服务采纳意愿与采纳行为显著正相关	0.261	3.827***	支持

注：*，**，***分别表示在 $p<=0.05$，0.01，0.001的水平下通过显著性检验。

根据路径分析的结果，因为H3b假设被拒绝，所以我们需要删除竞争压力与采纳意愿之间的路径，对模型再次进行修正，修正后卡方与自由度比率值NC＝2.837，小于3，渐进残差均方和平方根RMSEA＝0.044，小于0.05，适配良好，比较适配指数CFI＝0.950，大于0.90，调整后良适性适配指标AGFI＝0.948，大于0.90，比较适配指数CFI＝0.949，大于0.90，规准适配指数NFI＝0.936，大于0.90，增值适配指数IFI＝0.961，大于0.90，潮流压力和政府支持对采纳意愿路径的影响系数分别变更为0.241和0.338，采纳意愿对采纳行为路径的影响系数变更为0.292，拟合指数都符合标准范围，各参数值也均在显著水平范围以内，拟合效果较为理想，模型有效。修正后环境类影响因素对采纳意愿影响模型的路径系数如表5－15所示。

表5－15 修正后环境类影响因素对采纳意愿影响模型的路径系数

研究假设	模型路径	路径系数	T值
H3a：潮流压力与企业用户采纳云计算服务显著正相关	潮流压力→采纳意愿	0.241	2.791**
H3c：政府支持与企业用户采纳云计算服务显著正相关	政府支持→采纳意愿	0.338	2.986**
H5：企业用户云计算服务采纳意愿与采纳行为显著正相关	采纳意愿→采纳行为	0.292	3.503***

注：*，**，***分别表示在 $p<=0.05$，0.01，0.001的水平下通过显著性检验。

修正后环境类影响因素对采纳意愿影响的结构方程模型如图5-10所示。

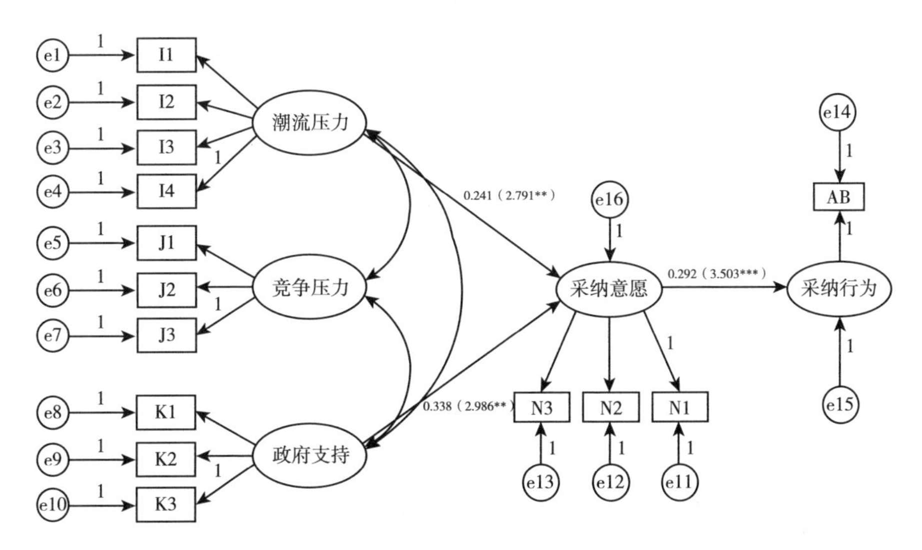

图5-10 修正后环境类影响因素对采纳意愿影响的结构方程模型

5.3.4 信任类影响因素的结构方程模型

5.3.4.1 方程构建与数据拟合分析

根据结构方程模型列出结构方程。其中，外因潜在变量（自变量）总共2个，分别是感知云服务商品质 ξ_1 和感知信息安全程度 ξ_2。内因潜在变量（因变量）共2个，分别是采纳意愿 η_1 和采纳行为 η_2，其中力 γ_{11}、γ_{12} 分别表示2种信任类影响因素与采纳意愿的路径系数，β_{21} 表示采纳意愿与采纳行为的路径系数，ζ_1 和 ζ_2 是结构方程的误差项。信任类影响因素影响企业用户云计算服务采纳行为的结构方程模型如图5-11所示。

$$\eta_1 = \gamma_{11}\xi_1 + \gamma_{12}\xi_2 + \zeta_1 \tag{5-7}$$

$$\eta_2 = \beta_{21}\eta_1 + \zeta_2 \tag{5-8}$$

对图5-11结构方程模型进行模型与数据拟合度分析，研究采用AMOS 24.0软件并使用极大似然法进行，得到该模型与数据拟合情况如下表所示。其中，卡方与自由度比率值NC=2.756，小于3，渐进残差均方和平方根RMSEA=0.033，小于0.05，适配良好，比较适配指数CFI=0.955，大于0.90，调整后良适性适

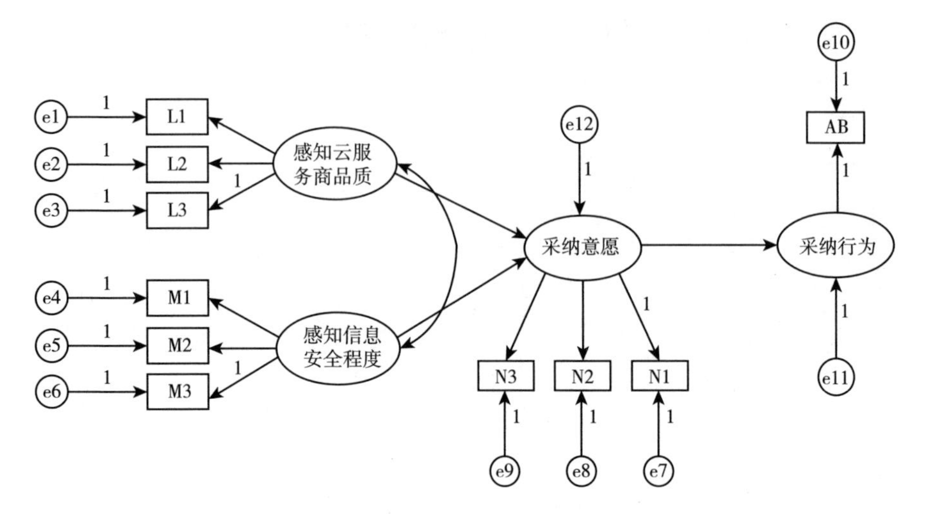

图 5－11 信任影响因素对采纳意愿影响的结构方程模型

配指标 AGFI＝0.948，大于 0.90，比较适配指数 CFI＝0.947，大于 0.90，规准适配指数 NFI＝0.932，大于 0.90，增值适配指数 IFI＝0.952，大于 0.90，拟合指数都符合标准范围，各参数值也均在显著水平范围以内，拟合效果较为理想，模型有效。

5.3.4.2 路径分析与假设检验

因为结构方程模型从根本上来说是一种统计分析方法，用于处理因果关系，所以我们通过因子分析和路径分析，就能够在同一时间处理多组潜在的因变量和潜在的自变量之间的关系，从而能够用于验证性分析。根据软件分析的结果如表 5－16所示，根据路径分析的结果，所有假设均被支持，模型得到验证。

表 5－16 信任影响因素研究假设的验证

研究假设	路径系数	T 值	结论
H4a：感知云服务商品质与企业用户采纳云计算服务显著正相关	0.173	2.863**	支持
H4b：感知信息安全程度与企业用户采纳云计算服务显著正相关	0.194	3.506***	支持
H5：企业用户云计算服务采纳意愿与采纳行为显著正相关	0.329	4.681***	支持

注：* 表示 p＜＝0.05 水平下通过显著性检验；** 表示 p＜＝0.01 水平下通过显著性检验；*** 表示 p＜＝0.001 水平下通过显著性检验。

最终的信任影响因素对采纳意愿影响的结构方程模型如图 5－12 所示。

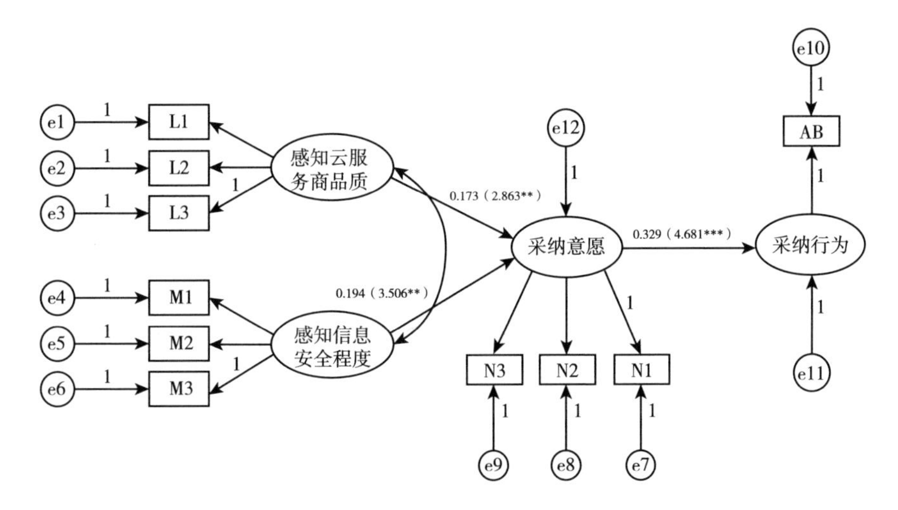

图 5－12 最终的信任影响因素对采纳意愿影响的结构方程模型

5.4 企业特质对采纳的影响分析与假设检验

5.4.1 企业特质对采纳影响的研究分析方法

随着计算机、互联网技术的进步，不同的企业特质对企业采纳技术创新也可能会产生很大的影响。许多学者在研究企业的技术创新采纳行为时，都把一些企业特质要素作为控制变量来进行重点研究。苏敬勤等（2016）在研究国有企业自主创新时，发现市场结构、产品结构、技术战略等控制变量对企业创新有密切影响。郝晓明等（2014）在研究企业动态能力形成过程中发现，创新精神和有机结构等控制变量对企业动态能力形成有显著影响。毛淑珍等（2016）的研究表明，组织结构、企业文化等企业特质与企业目标管理实施全过程密切相关。张群洪等（2011）针对企业业务流程重组的研究发现，部分企业特质要素作为控制变量对业务流程再造实施结果有显著影响。

本书首先采用多元回归分析法，将企业规模、企业发展阶段和企业所属行业作为控制变量，采纳意愿作为因变量进行分析，分析结果显示调整后 R 方值为 0.226，为方差显著，三个控制变量对采纳意愿有一定的影响。企业特征因素变量较多，本次研究选择了三项特征因素，解释结果达到 20% 左右的水平，从社会科学领域来看，一般可以认为，已经具有一定的研究价值。控制变量的具体分析如表 5 - 17 所示。

表 5 - 17　企业规模、企业发展阶段、企业所处行业对采纳意愿摘要

模型	R	R 平方	调整后 R 平方	标准估算错误	变更统计资料				
					R 平方变更	F 变更	df1	df2	显著性 F 变更
1	0.508[a]	0.258	0.226	0.982	0.258	27.566	3	312	0.000

接下来，本研究将企业特质作为云计算采纳模型的控制变量，判断企业特质对因变量的影响。研究过程中我们选用了单因素方差分析法，判断不同企业特质水平下因变量的均值是否存在差异，并进一步使用多重比较法，判断哪些水平组的均值存在显著差异。

单因素方差分析法（One - way ANOVA）又被称为“F 检验”，主要用在对多个样本均值之间的比较，以此判断不同的样本组它所代表的总体均值是不是一样，也就是说用一个控制变量的不同水平来分别代表不同的组，推断这些组的均值是不是有显著的差异，如果有显著差异，那就表明这个控制变量对因变量是有影响的。

5.4.2 企业规模大小对采纳意愿的影响分析与假设检验

从本次调研的样本数据来看，大型企业、中型企业、小型企业和微型企业分别有 76 家、98 家、84 家和 58 家，其中小型和微型企业的采纳意愿得分最高，中型企业的采纳意愿得分次之，大型企业的采纳意愿得分最低。如表 5 - 18 所示：

表 5 - 18　企业规模与采纳意愿的描述性分析

	N	平均值	标准偏差	标准错误	平均值 95% 置信区间	
					下限值	上限
微型企业	58	4.31	0.627	0.082	4.15	4.48
小型企业	84	4.25	0.656	0.072	4.11	4.39
中型企业	98	3.99	0.925	0.093	3.80	4.18
大型企业	76	2.64	0.605	0.069	2.51	2.78
总计	316	3.79	0.985	0.055	3.69	3.90

经过方差齐性分析，显著性水平为大于0.05，方差齐性检验不显著，虚无假设成立，可认为方差相等，满足可执行单因素方差分析的条件，如表5－19所示。

表5－19 企业规模与采纳意愿的方差齐性分析

采纳意愿			
Levene 统计	df1	df2	显著性
0.897	3	312	0.443

根据ANOVA单因素方差分析结果表明，显著性为0.000，企业规模对采纳意愿影响显著，如表5－20所示，说明不同企业规模对采纳意愿的影响不同。

表5－20 企业规模与采纳意愿的ANOVA分析

采纳意愿					
	平方和	df	均方	F	显著性
组间	137.068	3	45.689	84.569	0.000
组内	168.561	312	0.540		
总计	305.630	315			

而在多重比较分析的结果中，我们可以看到，微型企业和小型企业的显著性为0.631，大于0.05，两组无显著差异，而小型企业与中型企业和大型企业，微型企业与中型企业和大型企业，中型企业和大型企业之间的显著性<0.05，影响效果显著，说明他们的采纳意愿有显著差异，如表5－21和均值图5－13所示。

表5－21 企业规模与采纳意愿的多重比较

因变量：采纳意愿						
LSD（L）						
（I）公司规模	（J）公司规模	平均差（I－J）	标准错误	显著性	95%置信区间	
					下限值	上限
微型企业	小型企业	0.060	0.125	0.631	－0.19	0.31
	中型企业	0.321*	0.122	0.009	0.08	0.56
	大型企业	1.666*	0.128	0.000	1.41	1.92
小型企业	微型企业	－0.060	0.125	0.631	－0.31	0.19
	中型企业	0.260*	0.109	0.018	0.05	0.48
	大型企业	1.605*	0.116	0.000	1.38	1.83

续表

因变量：采纳意愿						
LSD（L）						
（I）公司规模	（J）公司规模	平均差（I-J）	标准错误	显著性	95%置信区间	
					下限值	上限
中型企业	微型企业	-0.321*	0.122	0.009	-0.56	-0.08
	小型企业	-0.260*	0.109	0.018	-0.48	-0.05
	大型企业	1.345*	0.112	0.000	1.12	1.57
大型企业	微型企业	-1.666*	0.128	0.000	-1.92	-1.41
	小型企业	-1.605*	0.116	0.000	-1.83	-1.38
	中型企业	-1.345*	0.112	0.000	-1.57	-1.12

注：*. 均值差的显著性水平为0.05。

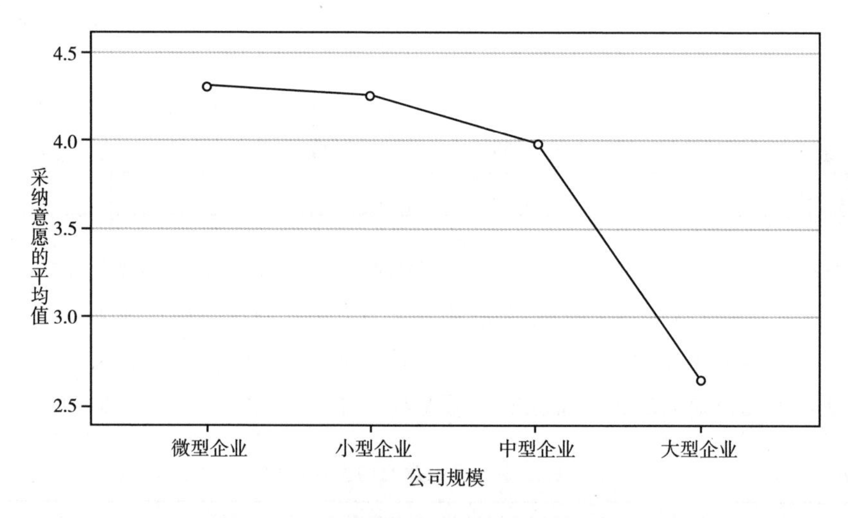

图5-13 不同规模企业采纳意愿的均值图

根据以上的分析结果我们可以得出结论，不同规模企业对云计算服务采纳影响有显著差异，假设H6a得到证实，因此，接受H6a。

5.4.3 企业所处行业对采纳意愿的影响分析与假设检验

从本次调研的样本数据来看，工业企业有93家，涉农企业有88家，服务业企业有135家，三组企业的采纳意愿均值分别为3.82、3.90和3.71，如表5-22所示。

表5-22　企业所处行业与采纳意愿的描述性分析

	N	平均值	标准偏差	标准错误	平均值95%置信区间	
					下限值	上限
工业	93	3.82	0.999	0.104	3.61	4.02
农业	88	3.90	1.006	0.107	3.68	4.11
服务业	135	3.71	0.961	0.083	3.55	3.87
总计	316	3.79	0.985	0.055	3.69	3.90

经过方差齐性分析，显著性水平大于0.05，方差齐性检验不显著，虚无假设成立，可认为方差相等，满足可执行单因素方差分析的条件，如表5-23所示。

表5-23　企业所处行业与采纳意愿的方差同质性检验

采纳意愿			
Levene统计	df1	df2	显著性
0.098	2	313	0.906

根据ANOVA单因素方差分析结果表明，显著性为0.372，企业所处行业对采纳意愿影响不显著，如表5-24所示，说明不同的企业所处行业对采纳意愿没有显著的影响。因此，也无须再做多重分析。

表5-24　企业所处行业与采纳意愿的ANOVA分析

采纳意愿					
	平方和	df	均方	F	显著性
组间	1.924	2	0.962	0.992	0.372
组内	303.705	313	0.970		
总计	305.630	315			

根据以上的分析结果我们可以得出结论，不同行业企业对云计算服务采纳影响没有显著差异，假设H6b没有得到证实，因此，拒绝H6b。

5.4.4　企业发展阶段对采纳意愿的影响分析与假设检验

从本次调研的样本数据来看，初创期企业有116家，成长期企业有118家，成熟期企业有 82 家，其中初创期企业的采纳意愿得分最高，成长期企业的采纳意愿得分次之，成熟期企业的采纳意愿得分最低，如表 5－25 所示。

表 5－25 企业发展阶段与采纳意愿的描述性分析

	N	平均值	标准偏差	标准错误	平均值 95% 置信区间	
					下限值	上限
初创期企业	116	4.51	0.502	0.047	4.42	4.60
成长期企业	118	3.94	0.695	0.064	3.81	4.07
成熟期企业	82	2.54	0.613	0.068	2.40	2.67
总计	316	3.78	0.988	0.056	3.68	3.89

经过方差齐性分析，显著性水平为大于0.05，方差齐性检验不显著，虚无假设成立，可认为方差相等，满足可执行单因素方差分析的条件，如表 5－26 所示。

表 5－26 企业发展阶段与采纳意愿方差同质性检验

采纳意愿			
Levene 统计	df1	df2	显著性
0.758	2	313	0.470

根据 ANOVA 单因素方差分析结果表明，显著性为 0.000，企业发展阶段对采纳意愿影响显著，如表 5－27 所示，说明在企业发展的不同阶段对采纳意愿的影响不同。

表 5－27 企业发展阶段与采纳意愿 ANOVA 分析

采纳意愿					
	平方和	df	均方	F	显著性
组间	191.401	2	95.700	258.301	0.000
组内	115.966	313	0.370		
总计	307.367	315			

而在多重比较分析的结果中，我们可以看到，初创期企业、成长期企业和成熟期企业之间的显著性均<0.05，影响效果显著，说明他们的采纳意愿有显著差

异，如表 5－28 和均值图 5－14 所示。

表 5－28　企业发展阶段影响采纳意愿的多重比较

因变量：采纳意愿						
LSD（L）						
（I）公司发展阶段	（J）公司发展阶段	平均差（I－J）	标准错误	显著性	95% 置信区间	
					下限值	上限
初创期企业	成长期企业	0.568*	0.080	0.000	0.41	0.72
	成熟期企业	1.972*	0.088	0.000	1.80	2.14
成长期企业	初创期企业	－0.568*	0.080	0.000	－0.72	－0.41
	成熟期企业	1.404*	0.088	0.000	1.23	1.58
成熟期企业	初创期企业	－1.972*	0.088	0.000	－2.14	－1.80
	成长期企业	－1.404*	0.088	0.000	－1.58	－1.23

注：*．均值差的显著性水平为 0.05。

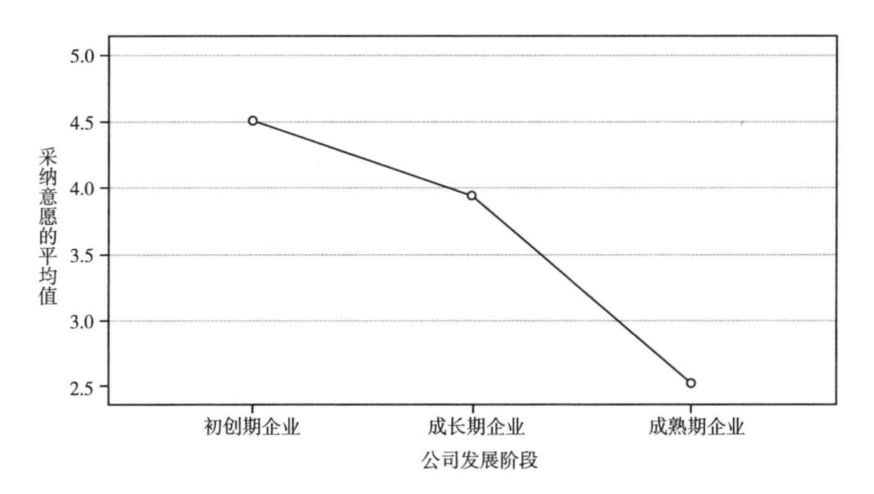

图 5－14　企业发展阶段与采纳意愿的均值图

根据以上的分析结果我们可以得出结论，不同发展阶段企业对云计算服务采纳影响有显著差异，假设 H6c 得到证实，因此，接受 H6c。

5.4.5　结果汇总

根据前面的研究和分析，结合 5.3 小节的研究结果，对提出的研究假设汇总如表 5－29 所示。

表 5－29 研究假设检验结果汇总

研究假设	检验结果
技术类影响因素：	
H1a：相对优势与企业用户采纳云计算服务显著正相关	拒绝
H1b：复杂性与企业用户采纳云计算服务显著负相关	拒绝
H1c：兼容性与企业用户采纳云计算服务显著正相关	支持
H1d：感知成本与企业用户采纳云计算服务显著负相关	支持
H1e：可试性与企业用户采纳云计算服务显著正相关	支持
组织类影响因素：	
H2a：管理层态度与企业用户采纳云计算服务显著正相关	支持
H2b：资源就绪度与企业用户采纳云计算服务显著正相关	拒绝
H2c：需求迫切度与企业用户采纳云计算服务显著正相关	支持
环境类影响因素：	
H3a：潮流压力与企业用户采纳云计算服务显著正相关	支持
H3b：竞争压力与企业用户采纳云计算服务显著正相关	拒绝
H3c：政府支持与企业用户采纳云计算服务显著正相关	支持
信任类影响因素：	
H4a：感知云服务商品质与企业用户采纳云计算服务显著正相关	支持
H4b：感知信息安全程度与企业用户采纳云计算服务显著正相关	支持
采纳意愿与采纳行为：	
H5：企业用户云计算服务采纳意愿与采纳行为显著正相关	支持
企业特质影响：	
H6a：不同规模企业对云计算服务采纳影响有显著差异	支持
H6b：不同行业企业对云计算服务采纳影响有显著差异	拒绝
H6c：不同发展阶段企业对云计算服务采纳影响有显著差异	支持

相应地，修正后的企业用户云计算服务采纳行为模型如图 5－15 所示，其中虚线箭头表示相关性不显著，不支持该假设，企业特质中企业所属行业为虚线框，表示该特质与采纳意愿之间相关性不显著。

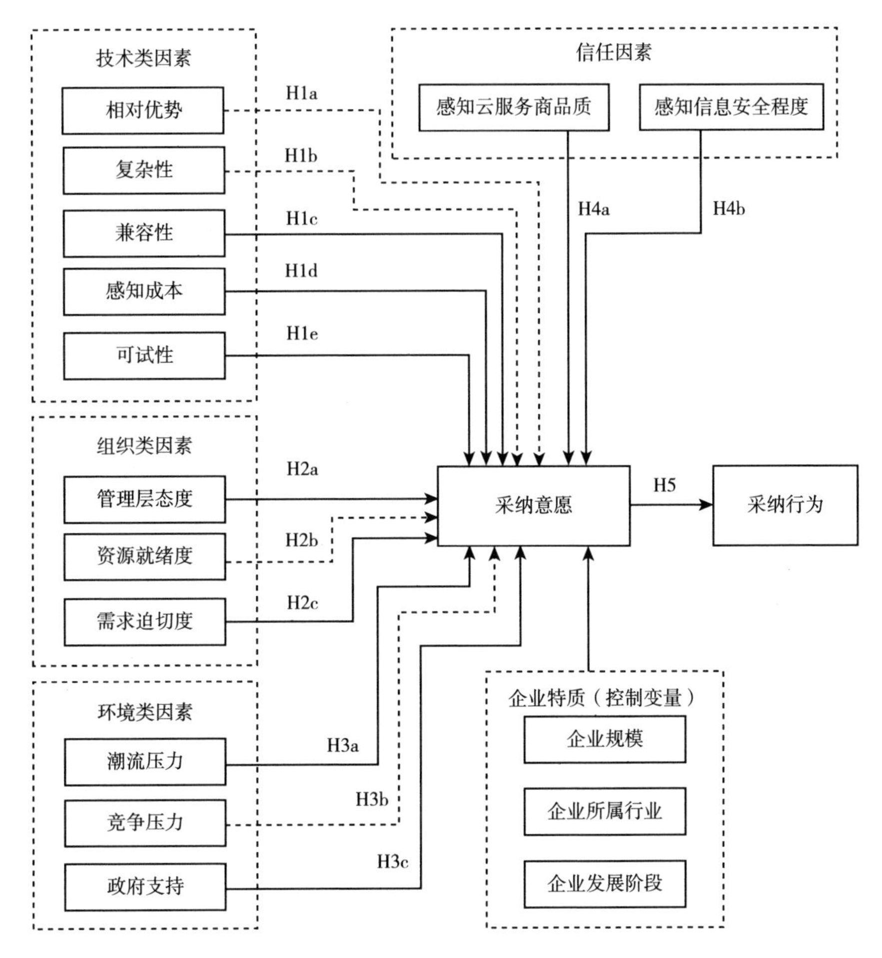

图 5－15　修正后的企业用户云计算服务采纳行为模型

5.5　不同特质企业的分组结构模型拟合

从上一小节企业特质对采纳意愿影响的分析中，我们可以看出，企业规模大小和企业发展阶段的不同对企业采纳云计算行为有显著影响，因此，在本书的云计算采纳模型中，不同企业规模和企业发展阶段，可能会对模型产生不同的影响，之前的假设也可能会有变化，所以我们要进一步分析不同规模的企业和不同发展阶段的企业，他们的采纳行为结构模型是否有区别，并解释原因。

5.5.1 不同企业规模的结构模型拟合分析

从上一小节的研究结果来看，不同企业规模对企业采纳云计算行为的影响不同，微型企业和小型企业的采纳意愿最高，中型企业的采纳意愿次之，大型企业的采纳意愿最低，由于微型企业和小型企业两组的采纳意愿差异不显著，因此，在本次研究的结构模型拟合分析中，我们将微型企业和小型企业合并为一组小微企业。小微企业、中型企业和大型企业三个分组的结构模型拟合结果如图 5－16 所示。

图 5－16 中实线路径表示关系显著，虚线路径表示关系不显著。模型上的数字为路径系数，从上至下分别为小微企业、中型企业、大型企业，*，**，*** 分别表示在 p＜＝0.05，0.01，0.001 的水平下通过显著性检验，说明对应的假设得到验证，支持该假设。ns 表示没有通过显著性检验，说明对应的假设没有得到验证，该假设被拒绝。但是，有一些假设在小微企业、中型企业和大型企业三个分组中的验证结果并不一致，为了更好地对不同规模企业的采纳行为进行分析，我们按照不同影响因素的维度对结果列表进行比较说明。

表 5－30　不同企业规模的技术类影响因素结构模型分析结果比较

研究假设	路径系数（显著性）		
	小微企业	中型企业	大型企业
技术类影响因素			
H1a：相对优势与企业用户采纳云计算服务显著正相关	0.041（ns）	0.039（ns）	0.033（ns）
H1b：复杂性与企业用户采纳云计算服务显著负相关	－0.071（ns）	－0.065（ns）	－0.057（ns）
H1c：兼容性与企业用户采纳云计算服务显著正相关	0.183（**）	0.201（**）	0.335（**）
H1d：感知成本与企业用户采纳云计算服务显著负相关	－0.361（***）	－0.273（**）	－0.091（ns）
H1e：可试性与企业用户采纳云计算服务显著正相关	0.212（**）	0.163（**）	0.056（ns）

注：* 表示 p＜＝0.05 水平下通过显著性检验；** 表示 p＜＝0.01 水平下通过显著性检验；*** 表示 p＜＝0.001 水平下通过显著性检验；ns 表示没有通过显著性检验。

从技术类影响因素的分析结果来看，相对优势对采纳意愿的影响在三个分组中的差别不明显，与原结论相同；复杂性对采纳意愿的影响在三个分组中的差别不明显，与原结论相同；兼容性对采纳意愿的影响在大型企业分组中更为明显，路径值 0.335 高于中型企业的 0.201 和小微企业的 0.183，这和大型企业原有信

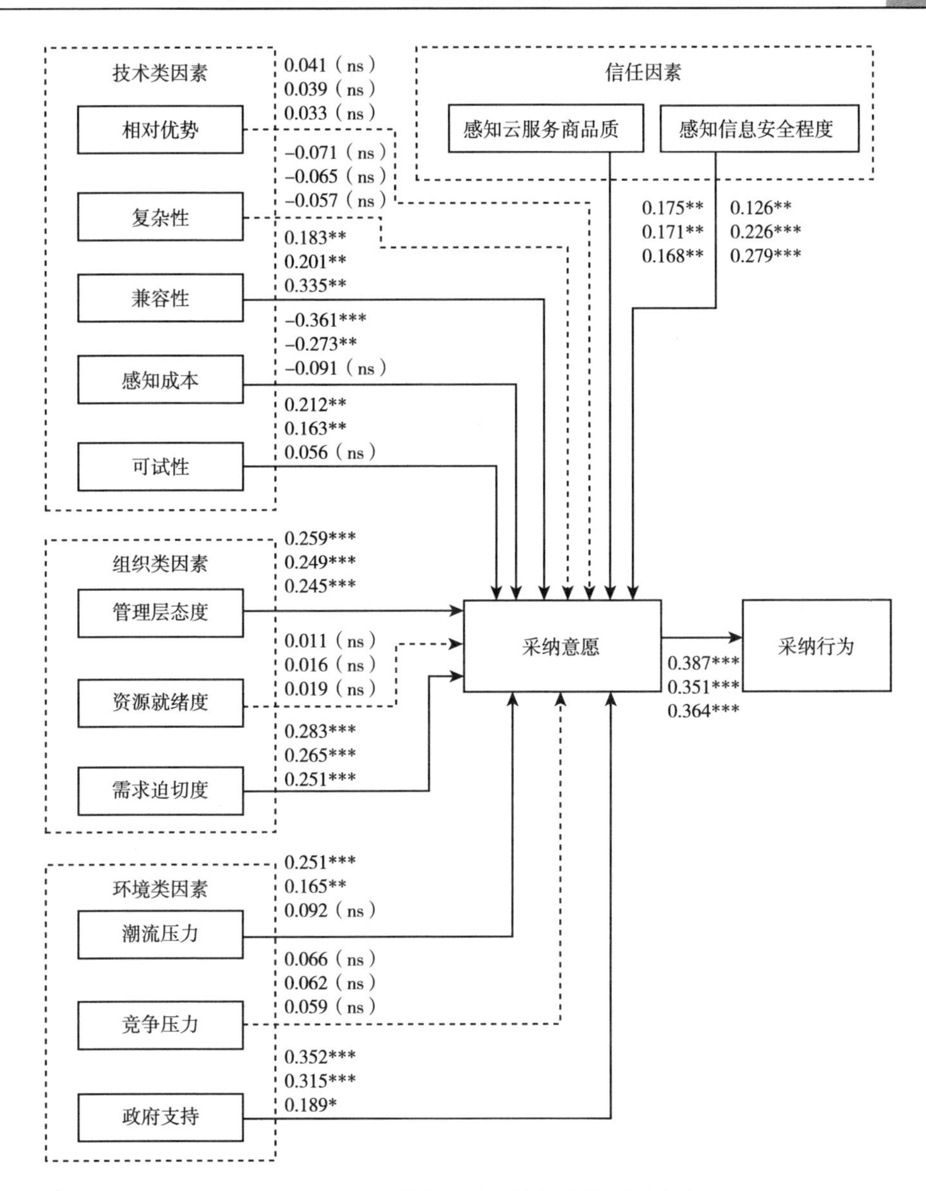

图5-16　不同规模企业的采纳行为模型拟合结果

注：实线路径表示关系显著，虚线路径表示关系不显著。模型上的数字为路径系数，从上至下分别为小微企业、中型企业、大型企业，*，**，*** 分别表示在 p<=0.05，0.01，0.001 的水平下通过显著性检验，ns 表示没有通过显著性检验。

息系统建设较为完善，采纳云计算服务后，可能会涉及业务流程的重组，以及系统迁移的兼容性问题更为突出有关。感知成本对采纳意愿的影响在不同分组之间出现了较大的差异，对于大型企业分组，感知成本对采纳意愿的影响并不显著，原假设不成立，因此对于大型企业，假设 H1d 被拒绝。而对于小微企业和中型企业而言，感知成本对采纳意愿的影响是显著的，且小微企业的路径系数要高于中型企业的路径系数，可见采纳云计算服务的成本因素对于小微企业更为突出。可试性对采纳意愿的影响在三个分组中也出现了较大的差异，对于大型企业而言，可试性对采纳意愿的影响并不显著，原假设不成立，因此对于大型企业，假设 H1e 被拒绝。而对于小微企业和中型企业，可试性对采纳意愿的影响是显著的，原假设成立。导致这种情况的原因，可能是由于中型企业和小微企业的信息资源有限，信息技术能力一般都会弱于大型企业，云计算服务的可试性能够让中型企业和小微企业更加充分体验云计算在企业中发挥的作用，所以云计算的可试验性对中小企业采纳云计算有显著的影响，而大企业由于资源的充分性，更有可能直接实施云计算，所以影响并不显著。

从组织类影响因素的分析结果来看，如表 5－31 所示，管理层态度对采纳意愿的影响在三个分组中都有显著影响，差别不明显，与原结论相同；资源就绪度对采纳意愿的影响在三个分组中的差别不明显，与原结论相同；需求迫切度对采纳意愿的影响在三个分组中都有显著影响，与原结论相同，其中小微企业需求迫切度对采纳意愿的影响更高一些。

表 5－31　不同企业规模的组织类影响因素结构模型分析结果比较

研究假设	路径系数（显著性）		
	小微企业	中型企业	大型企业
组织类影响因素			
H2a：管理层态度与企业用户采纳云计算服务显著正相关	0.259（***）	0.249（***）	0.245（***）
H2b：资源就绪度与企业用户采纳云计算服务显著正相关	0.011（ns）	0.016（ns）	0.019（ns）
H2c：需求迫切度与企业用户采纳云计算服务显著正相关	0.283（***）	0.265（***）	0.251（***）

注：* 表示 $p<=0.05$ 水平下通过显著性检验；** 表示 $p<=0.01$ 水平下通过显著性检验；*** 表示 $p<=0.001$ 水平下通过显著性检验；ns 表示没有通过显著性检验。

从环境类影响因素的分析结果来看，如表 5－32 所示，潮流压力对采纳意愿的影响在三个分组中显示出不同的影响效果，对小微企业与中型企业而言，潮流压力对采纳意愿的影响是显著的，小微企业受潮流压力的影响更显著一些，与原结论相同，而大型企业潮流压力对采纳意愿的影响并不显著，与原结论相反，因此对于大型企业，假设 H3a 被拒绝；竞争压力对企业用户采纳的影响在三个分组中都不显著，与原结论相同；政府支持对采纳意愿的影响在三个分组中都有显著影响，与原结论相同，但小微企业和中型企业的路径系数明显高于大型企业，说明小微企业和中型企业在采纳云计算服务上更容易受到政府政策支持的影响。

表5-32 不同企业规模的环境类影响因素结构模型分析结果比较

研究假设	路径系数（显著性）		
	小微企业	中型企业	大型企业
环境类影响因素			
H3a：潮流压力与企业用户采纳云计算服务显著正相关	0.251（***）	0.165（**）	0.092（ns）
H3b：竞争压力与企业用户采纳云计算服务显著正相关	0.066（ns）	0.062（ns）	0.059（ns）
H3c：政府支持与企业用户采纳云计算服务显著正相关	0.352（***）	0.315（***）	0.189（*）

注：*表示p<=0.05水平下通过显著性检验；**表示p<=0.01水平下通过显著性检验；***表示p<=0.001水平下通过显著性检验；ns表示没有通过显著性检验。

从信任类影响因素的分析结果来看，如表5-33所示，感知云服务商品质对采纳意愿的影响在三个分组中均有显著影响，差别不明显，与原结论相同。感知信息安全程度对采纳意愿的影响在三个分组中均有显著影响，与原结论相同，但是大型和中型企业感知信息安全程度对采纳意愿影响的路径系数要高于小微企业，说明大中型企业，特别是大型企业在云计算技术的采纳上更注重对信息安全的要求。

表5-33 不同企业规模的信任类影响因素结构模型分析结果比较

研究假设	路径系数（显著性）		
	小微企业	中型企业	大型企业
信任类影响因素			
H4a：感知云服务商品质与企业用户采纳云计算服务显著正相关	0.175（**）	0.171（**）	0.168（**）
H4b：感知信息安全程度与企业用户采纳云计算服务显著正相关	0.126（**）	0.226（***）	0.279（***）

注：*表示p<=0.05水平下通过显著性检验；**表示p<=0.01水平下通过显著性检验；***表示p<=0.001水平下通过显著性检验；ns表示没有通过显著性检验。

最后，在不同规模企业的三个分组中，采纳意愿对采纳行为的路径系数均达到显著性水平，假设H5：企业用户云计算服务采纳意愿与采纳行为显著正相关，在三个分组中均成立。

5.5.2 不同企业发展阶段的结构模型拟合分析

从上一小节的研究结果来看，不同企业发展阶段对企业采纳云计算行为的影响不同，初创型企业对云计算的采纳意愿最高，成长期企业的采纳意愿次之，成熟期企业的采纳意愿最低，初创企业、成长期企业和成熟期企业三个分组的结构模型拟合如图 5－17 所示。

图 5－17 中实线路径表示关系显著，虚线路径表示关系不显著。模型上的数字为路径系数，从上至下分别为初创期企业、成长期企业、成熟期企业，*，**，*** 分别表示在 p< =0.05，0.01，0.001 的水平下通过显著性检验，说明对应的假设得到验证，支持该假设。ns 表示没有通过显著性检验，说明对应的假设没有得到验证，该假设被拒绝。由于一些假设在初创期企业、成长期企业和成熟期企业三个分组中的验证结果有一定差异，为了更好地对不同发展阶段企业的采纳行为进行分析，我们按照不同影响因素的维度对结果列表 5－34 进行比较说明。

表 5－34　不同企业发展阶段的技术类影响因素结构模型分析结果比较

研究假设	路径系数（显著性）		
	初创期	成长期	成熟期
技术类影响因素			
H1a：相对优势与企业用户采纳云计算服务显著正相关	0.043（ns）	0.037（ns）	0.031（ns）
H1b：复杂性与企业用户采纳云计算服务显著负相关	－0.079（ns）	－0.056（ns）	－0.053（ns）
H1c：兼容性与企业用户采纳云计算服务显著正相关	0.135（**）	0.277（**）	0.296（**）
H1d：感知成本与企业用户采纳云计算服务显著负相关	－0.353（***）	－0.198（**）	－0.187（**）
H1e：可试性与企业用户采纳云计算服务显著正相关	0.301（***）	0.151（**）	0.142（**）

注：* 表示 p< =0.05 水平下通过显著性检验；** 表示 p< =0.01 水平下通过显著性检验；*** 表示 p< =0.001 水平下通过显著性检验；ns 表示没有通过显著性检验。

从技术类影响因素的分析结果来看，如表 5－34 所示，相对优势对采纳意愿的影响在三个分组中不显著，三者差别不明显，与原结论相同；复杂性对采纳意愿的影响在三个分组中不显著，三者差别不明显，与原结论相同；兼容性对采纳意愿的影响在三个分组中影响显著，与原结论相同，但是在成熟期企业和成长期企业分组中更为明显，路径系数要明显高于初创期企业，这可能是因为成立时间较久的企业，一般都已经有较为完善的业务信息系统，信息化程度也比较高，如果要将原有信息系统迁移到云服务平台，兼容性问题就会比较突出，而成立时间

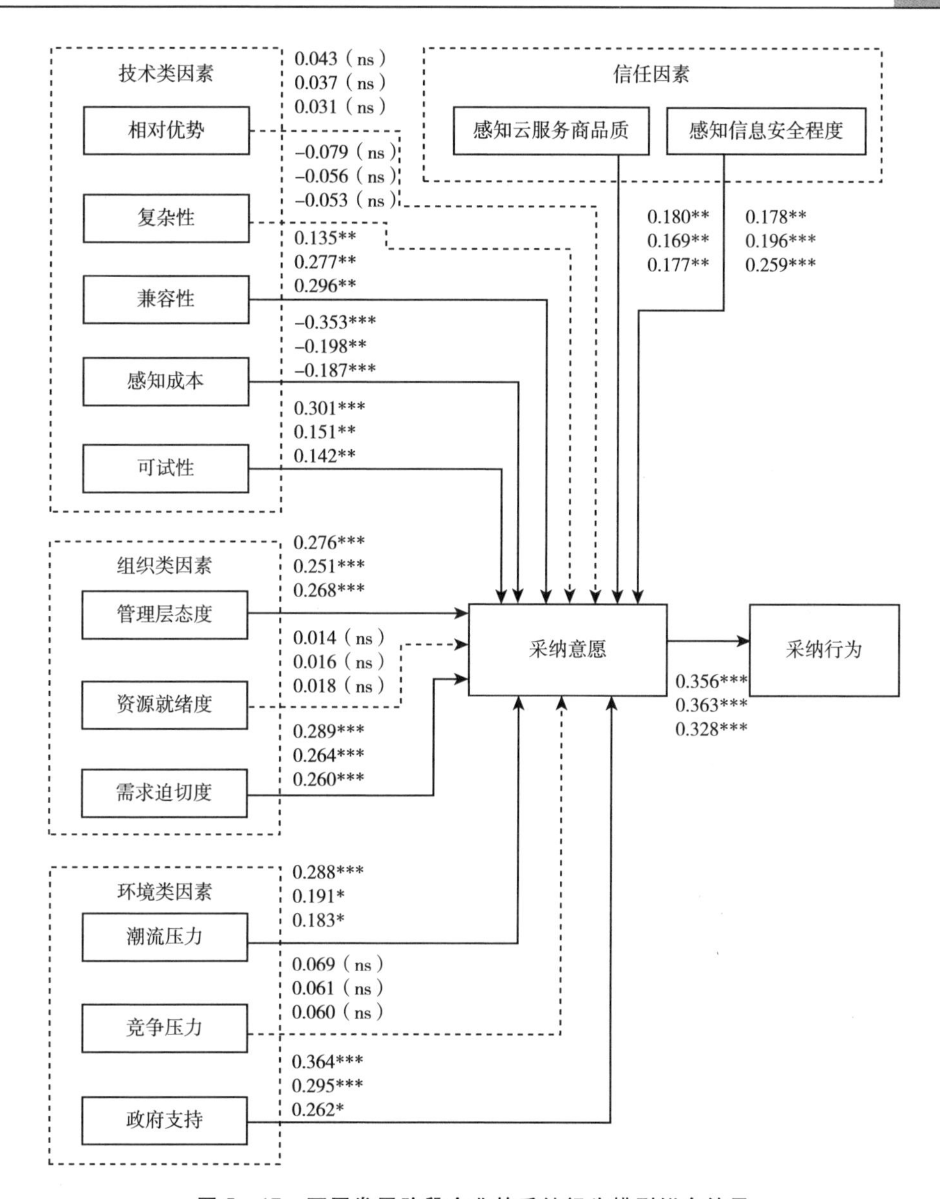

图 5－17 不同发展阶段企业的采纳行为模型拟合结果

注：实线路径表示关系显著，虚线路径表示关系不显著。模型上的数字为路径系数，从上至下分别为初创期、成长期、成熟期，*，**，*** 分别表示在 p＜＝0.05，0.01，0.001 的水平下通过显著性检验，ns 表示没有通过显著性检验。

较短，尚处于初创期的企业则对这一方面的顾虑较少。感知成本对采纳意愿的影响在三个分组中均为显著，与原结论相同，但是初创期企业感知成本对采纳意愿的路径系数要明显高于成长期和成熟期企业，这应该是由于企业在初创阶段资源较少，技术能力较弱，尚处于求生存的阶段，所以更注重成本的因素。可试性对采纳意愿的影响在三个分组中是显著的，与原结论相同。但是，初创期企业可试性对采纳意愿的影响路径系数要明显高于成长期和成熟期的企业，这可能是因为初创期的企业一般来说信息技术能力较为薄弱，也很少有企业专门的信息系统，云计算的试用服务对其更有吸引力，在体验过云计算的优势后也更易于接受，所以云计算的可试性对初创期企业采纳云计算有显著的影响，而成长期和成熟期的企业已经有了一定的信息技术资源和基础，对可试性的需求并没有初创期企业那么显著。

从组织类影响因素的分析结果来看，如表 5-35 所示，管理层态度对采纳意愿的影响在三个分组中都有显著影响，差别不明显，与原结论相同；资源就绪度对采纳意愿的影响在三个分组中均不显著，差别不明显，与原结论相同；需求迫切度对采纳意愿的影响在三个分组中都有显著影响，与原结论相同，其中初创期企业需求迫切度对采纳意愿的影响更高一些。

表 5-35　不同企业发展阶段的组织类影响因素结构模型分析结果比较

研究假设	路径系数（显著性）		
	初创期	成长期	成熟期
组织类影响因素			
H2a：管理层态度与企业用户采纳云计算服务显著正相关	0.276（***）	0.251（***）	0.268（***）
H2b：资源就绪度与企业用户采纳云计算服务显著正相关	0.014（ns）	0.016（ns）	0.018（ns）
H2c：需求迫切度与企业用户采纳云计算服务显著正相关	0.289（***）	0.264（***）	0.260（***）

注：* 表示 p< =0.05 水平下通过显著性检验；** 表示 p< =0.01 水平下通过显著性检验；*** 表示 p< =0.001 水平下通过显著性检验；ns 表示没有通过显著性检验。

从环境类影响因素的分析结果来看，如表 5-36 所示，潮流压力对采纳意愿的影响在三个分组中均显著，与原结论相同，但是对于初创期企业，潮流压力对采纳意愿的影响路径系数要高于成熟期和成长期企业，说明初创期企业更容易受到潮流压力的影响。竞争压力对采纳意愿的影响在三个分组中都不显著，与原结论相同；政府支持对采纳意愿的影响在三个分组中都显著，与原结论相同，但初创期企业的路径系数要高于成长期和成熟期企业，说明初创期企业在采纳云计算服务上更需要受到政府政策的支持。

表 5－36　不同企业发展阶段的环境类影响因素结构模型分析结果比较

研究假设	路径系数（显著性）		
	初创期	成长期	成熟期
环境类影响因素			
H3a：潮流压力与企业用户采纳云计算服务显著正相关	0.288（***）	0.191（*）	0.183（*）
H3b：竞争压力与企业用户采纳云计算服务显著正相关	0.069（ns）	0.061（ns）	0.060（ns）
H3c：政府支持与企业用户采纳云计算服务显著正相关	0.364（***）	0.295（***）	0.262（*）

注：* 表示 p＜＝0.05 水平下通过显著性检验；** 表示 p＜＝0.01 水平下通过显著性检验；*** 表示 p＜＝0.001 水平下通过显著性检验；ns 表示没有通过显著性检验。

从信任类影响因素的分析结果来看，如表 5－37 所示，感知云服务商品质对采纳意愿的影响在三个分组中均有显著影响，差别不明显，与原结论相同。感知信息安全程度对采纳意愿的影响在三个分组中均有显著影响，与原结论相同，但是成熟期企业感知信息安全程度对采纳意愿影响的路径系数相对高一些，说明成熟期企业在云计算技术的采纳上更注重信息安全因素。

表 5－37　不同企业发展阶段的信任类影响因素结构模型分析结果比较

研究假设	路径系数（显著性）		
	初创期	成长期	成熟期
信任类影响因素			
H4a：感知云服务商品质与企业用户采纳云计算服务显著正相关	0.180（**）	0.169（**）	0.177（**）
H4b：感知信息安全程度与企业用户采纳云计算服务显著正相关	0.178（**）	0.196（***）	0.259（***）

注：* 表示 p＜＝0.05 水平下通过显著性检验；** 表示 p＜＝0.01 水平下通过显著性检验；*** 表示 p＜＝0.001 水平下通过显著性检验；ns 表示没有通过显著性检验。

最后，在不同发展阶段企业的三个分组中，采纳意愿对采纳行为的路径系数均达到显著性水平，假设 H5：企业用户云计算服务采纳意愿与采纳行为显著正相关，在三个分组中均成立。

5.6　数据分析结果讨论

实证结果显示，技术类影响因素中兼容性和可试性对企业用户采纳云计算的意向有显著的正向影响，感知成本对企业用户采纳云计算的意向有显著的负向影响。组织类影响因素中，管理层态度和需求迫切度对企业用户采纳云计算的意向有显著的正向影响。环境类影响因素中，潮流压力和政府支持对企业用户采纳云计算的意向有显著的正向影响。在信任因素中，感知云服务商品质和感知信息安全程度均对企业用户采纳云计算的意向有显著的正向影响。

这就表示，云计算服务与企业现有信息和业务系统以及价值观兼容越好，或者云计算服务能够提供足够的试用机会，或者企业管理层对采纳云计算给予足够的支持，或者企业需要云计算服务的迫切度很高，或者政府积极鼓励应用云计算服务，或者媒体大量宣传云计算服务、行业内广泛应用云计算服务，企业用户对于采纳云计算服务的意愿就会增强，而如果企业用户觉得云计算服务的成本太高，云服务商的品质不值得信任，云端信息的安全得不到保证，他们对云计算服务的采纳意愿就会降低。

而在企业特质对企业采纳云计算服务意向的影响作用研究中，我们发现，企业规模和企业发展阶段对企业采纳云计算服务的意向有显著影响，而企业所处行业对企业采纳云计算服务的影响不显著。从单因素方差分析的结果来看，根据不同的企业规模分析，小微型企业采纳云计算服务的意向最高，中型企业的采纳意愿次之，大型企业的采纳意愿较低，说明大型企业采纳云计算服务的意愿弱于小型的企业。根据不同的企业发展阶段分析，初创期的企业采纳云计算服务的意向较高，成长期企业的采纳意愿次之，成熟期企业的采纳意愿较低，这说明老企业采纳云计算服务的意愿弱于新兴企业。

按照不同企业特质对云计算服务采纳模型进行的分组拟合分析研究表明，采纳模型针对不同企业特质需要做相应的修正。从企业规模的分组模型拟合情况来看，原采纳模型主要有以下修正，在技术类影响因素中，对于大型企业，感知成本对于云计算服务采纳意愿的负向影响和可试性对云计算服务采纳意愿的正向影响在修正的模型中并不显著，而中小微企业，特别是小微企业，感知成本和可试性对云计算服务采纳意愿的影响在修正模型中更为显著。在组织类影响因素中，修正模型没有太大变化，基本与原结论相同，只是需求迫切度对于云计算服务采纳意愿的影响对于小微企业来说更显著一些。在环境类影响因素中，对于大型企业，潮流压力对采纳意愿的影响变得并不显著，而对中小微企业的影响则显著性有所提高。政府支持对采纳意愿的影响依旧和原模型一样，但是在修正模型中，政府支持对小微企业的采纳意愿影响显著性增加，而对大型企业的影响显著性降低。在信任类影响因素中，感知云服务商品质对采纳意愿的影响与原模型基本相同，无显著变化。感知信息安全程度对采纳意愿的影响与原模型相同，但对于大型和中型企业，感知信息安全程度对采纳意愿影响显著性更高，说明大中型企业，特别是大型企业在云计算技术的采纳上更注重对信息安全的要求。从企业发展阶段的分组模型拟合情况来看，原采纳模型主要有以下修正，在技术类影响因素中，修正模型没有大的变化，只是兼容性对采纳意愿的影响在成熟期企业中更为显著，感知成本和可试性对采纳意愿的影响对于初创期企业更为显著。在组织类影响因素中，修正模型没有太大变化，基本与原结论相同，只是需求迫切度对于云计算服务采纳意愿的影响对于初创期企业来说更显著一些。在环境类影响因素中，修正模型没有太大变化，只是潮流压力对采纳意愿的影响，对于初创期企业更显著一些，政府支持对采纳意愿的影响，对于初创期企业要明显高于成长期和成熟期的企业。在信任类影响因素中，修正模型没有太大变化，只是感知信息安全程度对采纳意愿的影响，对于成熟期企业而言更为显著一些。

5.7　本章小结

本章的主要工作是利用问卷调查获取的大样本数据，对企业用户云计算服务采纳行为模型和假设进行验证。在5.1节对本次调研的样本进行了描述性统计，结果显示各种规模企业数量分布合理，企业所处行业涵盖了工业、农业和服务业三大类，具有广泛的适用性，企业发展阶段包含初创阶段、成长阶段、成熟阶段，符合企业发展生命周期。在5.2节分别对技术类影响因素、组织类影响因素、环境类影响因素、信任影响因素等多个维度的变量进行了验证性因子分析，并对量表信度、效度进行检验，结果显示各维度的量表都具有良好的信度和效度。在5.3节开展了结构方程模型分析和假设检验，分别就技术、组织、环境和信任因素对云计算服务采纳意愿的影响进行了验证。5.4节使用多元回归和单因素方差分析的方法，就企业规模、企业发展阶段、企业所处行业等控制变量对云计算服务采纳意愿的影响做了探索性分析，发现企业规模和企业发展阶段对采纳意愿有显著影响，企业所处行业对采纳意愿影响不显著。5.5节根据5.4节得出的结论，分别就企业规模和企业发展阶段两个企业特质，对5.3节中的采纳模型进行分组拟合分析。最后，5.6节对结果进行分析和总结。

第6章 促进企业用户采纳云计算服务的信任评价机制研究

第3章的研究构建了企业用户云计算服务采纳行为研究模型并提出研究假设，第4章和第5章的实证研究设计和实证分析验证了该研究模型的有效性并对研究假设进行了检验。这3章的研究解释了企业用户在采纳云计算服务过程中的行为机理，明确了技术因素、组织因素、环境因素和信任因素对企业用户采纳云计算服务的影响作用。在此研究结果基础上，后续章节将结合企业用户云计算服务采纳行为模型，针对已知的采纳影响因素，就如何推动企业用户采纳云计算服务，进一步提出相应的促进机制和对策体系。本章将对云计算服务采纳过程中的信任问题进行分析，并提出一种能够促进企业用户采纳行为的云计算服务信任评价机制。

6.1 云计算服务采纳过程中的信任问题分析

根据本书前面章节的研究分析可以得知，在云计算服务的采纳过程中，用户对云计算服务的信任感对用户的采纳意愿有非常重要的影响，对云计算服务的信任会直接影响用户对云计算服务的采纳意愿。目前，市场上已经出现了众多的云计算服务商，可以选择各种云计算服务产品，但用户在决定采纳云计算服务过程中，由于对云服务商以及各种云计算服务的内容、性能、质量缺乏足够的了解，不确定某种云计算服务是否适合企业需求，担忧云计算服务的信息安全，从而对云计算服务无法产生足够的信任，这直接对云计算服务的采纳产生了负面的影响。因此，要促进企业用户采纳云计算服务，提高用户对云计算服务的信任感是一项重要的举措。

根据本书的研究，云计算服务采纳行为中的信任因素主要包括感知云服务商品质和感知信息安全程度，这两个因素与企业用户的采纳意愿显著正相关，要提高用户对云计算服务的信任，就是要提高用户的感知云服务商品质和感知信息安全程度，这样才能够提高企业用户的云计算服务采纳意愿，促进云计算服务的采纳。但要实现这一点，并不是单纯地从服务商角度出发，提高云服务商自身服务能力和品质，或者从技术角度出发，改善云计算技术的性能和安全性，就可以做到的。因为信任是对某一事物的一种主观的信赖感，在企业采纳云计算服务的过程中，就是企业对云计算这种服务模式主观上的信赖程度，而从目前云计算采纳实际情况和我们对企业的调研来看，云计算技术客观上已经相对较为成熟，许多云服务商也能够提供良好的产品和服务，但很多企业对云计算服务的信任度仍然不够高。因此，在很大程度上，这种信任感的缺失是来自信息的不对称，可能客观上，云服务商的品质和云服务产品的信息安全程度已经能够满足用户的需求，但主观上，企业用户并不了解，从而导致其感知云服务商品质和感知信息安全程度无法提高。

所以，要解决这个问题，提高用户对云计算服务的信任，就要减少和消除企业用户在采纳云计算服务过程中的信息不对称。我们希望能够提出一种对云计算服务的信任评价机制，来帮助提高企业用户的感知信任。

Lewis 等从社会认知的角度提出信任产生于人际的互动中对他人和群体的认知评价，基于知识和基于情感的信任挖掘就是基于这种信任研究的有效方法。类似于目前电子商务活动中普遍采用的评论机制，企业用户在采纳云计算服务的过程中，也可以通过参考他人对某种云计算服务的评价，来减少信息的不对称，提高认知和信任程度。当前，在网络上存在着许多已经采纳云计算服务的用户对云服务商和云服务产品的评论，这对其他用户选择和采纳云计算服务具有相当的参考价值。但面对海量的网络评论信息，企业用户要从中找到适合自身需求的可信云计算服务存在一定的难度。本文就此提出一种基于网络评论信息的云计算服务信任评价机制，通过分析网络评论的文本情感，挖掘有价值的信息，判断云服务商和云计算服务的信任程度，提高感知云服务商品质和感知信息安全程度，从而帮助用户选择和采纳符合自身要求的可信云计算服务，促进企业用户采纳云计算服务。

6.2　基于网络评论信息的挖掘机制

网络评论的分析研究主要是文本情感倾向性的分析研究。这是对文本的主观性信息分析与提取的研究。关于文本情感倾向分析的研究大致可以分成四个层级，即词语情感倾向性分析、句子情感倾向性分析、篇章情感倾向性研究和海量信息的整体倾向性预测。词语情感倾向性分析主要分析词汇的极性、强度及上下文模式。句子情感倾向性分析主要处理特定上下文中的句子，通过分析提取其中的主观性信息来判断其情感倾向。篇章级情感倾向性研究主要是将篇章作为一个整体来判断其褒贬态度，但这样容易引起多个分析对象在观点、态度等主观性信息上的差异，因此，篇章情感倾向性研究的实用价值有待考虑。整体倾向性预测则主要是集成和分析来自海量数据中围绕某个主题的不同来源情感倾向性信息，以期挖掘出态度特点和走势。

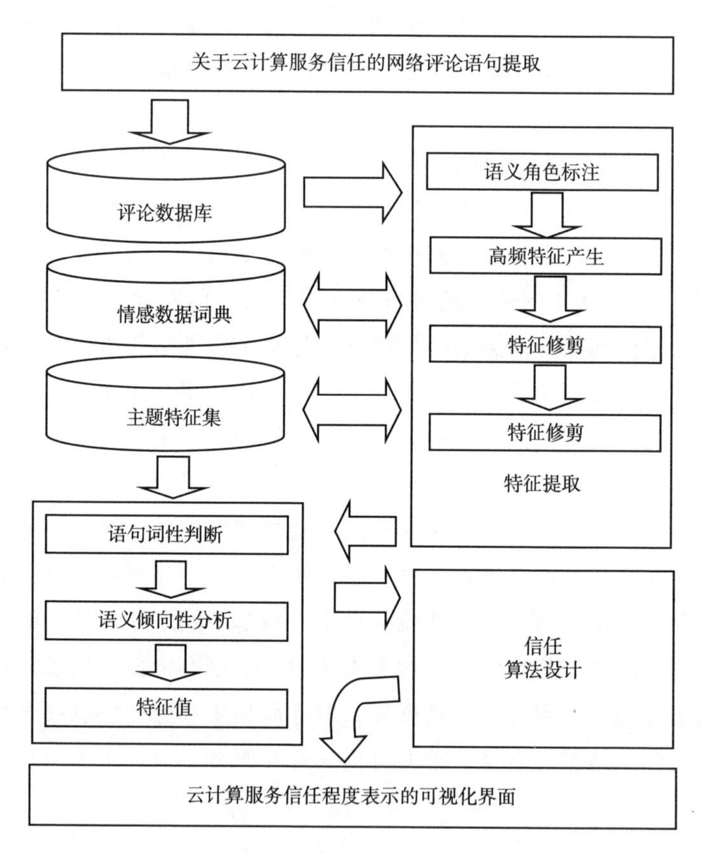

图6－1 基于网络评论的云计算服务信任挖掘机制示意图

本书有关云计算服务信任及采纳研究重点涉及网络评论的海量信息整体倾向性研究，是在分析词语和语句的第一、二层次基础上围绕云计算服务信任主题而开展的意见挖掘工作。通过网络评论的文本倾向性分析，提取云计算服务信任的主题特征，再进行情感判定，并给出具体量化的数值，在此基础上，结合证据理论，对量化数值进行分析挖掘，并针对挖掘结果进行可视化探索。基于网络评论的云计算服务信任挖掘机制如图6-1所示。

6.3　云计算服务信任主题的特征提取

主题是语句中情感描述的对象，一个主题可能会有多个特征出现。人们在评论一个云计算服务是否可信的时候，往往会涉及性能是否稳定、扩展是否方便、数据和应用是否安全、价格是否合理以及与宣传描述是否吻合等方面。在实际应用中，用户往往只关注某些方面的特征，有的用户可能只关心使用成本和性能，有些则更关心数据是否安全和扩展是否方便。

YI在WebFountain语义挖掘和郝玫等在中文网络评论的复杂语义倾向性计算方法以及姚天昉在汉语主题语义倾向性分析研究中对特征词定义都有过讨论。一般地，一个特征词的认定和提取需要满足以下三个条件之一：

（1）给定主题的一部分；

（2）给定主题的一个属性；

（3）给定主题的部分的一个属性。

即对于某个云计算服务信任主题，特征可以是信任主题的一部分，如在使用云计算服务时是否有发生故障的记录；特征也可以是信任主题的一项属性，如已经发生故障的次数；特征也可以是故障记录的一项特征，如某次故障发生的时间。

针对特征词的提取，Dunning和YI都作了不少探索，其中Dunning的可能性测试算法是基于候选特征词集的特征词提取而设计的，算法简单，效果较好。在云计算服务信任度这样一个明确的主题中，根据特征词认定和提取的三个条件，寻找相关的候选特征词集是比较容易的，因此，选用Dunning的可能性算法：

（1）对于每一个bnp（基本名词短语），都有一个可能性值$-2\log\lambda$：

$$-2\log\lambda = \begin{cases} -2*lr & \text{if } r_2 < r_1 \\ 0 & \text{if } r_2 \geqslant r_1 \end{cases} \tag{6-1}$$

其中，

$$lr = (C_{11} + C_{12}) \cdot \log(r) + (C_{12} + C_{22}) \cdot \log(1-r) - C_{11}\log(r_1) - C_{12}\log(1-r_1) - C_{21}\log(r_2) - C_{22}\log(1-r_2)$$

$$r_1 = \frac{C_{11}}{C_{11} + C_{21}}$$

$$r_2 = \frac{C_{21}}{C_{21} + C_{22}}$$

$$r = \frac{C_{11} + C_{21}}{C_{11} + C_{21} + C_{12} + C_{22}}$$

这里，C_{11}和C_{12}分别为与主题相关和不相关的文本集里含有候选特征词的文本个数；同样，C_{21}和C_{22}分别为与主题相关和不相关的文本集里不含候选特征词的文本个数。

（2）给每一个 bnp 按照可能性值 $-2\log\lambda$ 的降序进行排序。

（3）特征集可以按照一定的可能性值进行划取，也可以按照前 N 位值进行选取。

通过特征提取，可以建立起主题特征词库，为下一步语义情感倾向性分析工作做好准备。

6.4 云计算服务信任主题的特征值计算

6.4.1 词汇的倾向性计算

词汇倾向性研究始于 20 世纪 90 年代末，由 Hatzivassiloglou 和 McKeown 等最早提出，2004 年 J. Kamp 等利用 WordNet 计算词汇倾向性，M. J. M. Vermeij 等于 2005 年提出了一种根据统计词频加权来计算用户评论倾向性的方法。中文词汇倾向性研究方面，学者多利用知网计算倾向性成果进行相关研究。在汉语词汇语义倾向自动获取研究上，朱嫣岚等提出了两种基于知网（HowNet）的词汇语义倾向算法。李永忠等提出了基于 HowNet 和 PAT 树的网购评语情感分析方法。王李冬等对基于 HowNet 的微博文本语义检索作了探索性研究。

云计算服务信任度的特征值计算过程中，采用了知网思想来实现信任特征集有关词汇的特征值计算。根据知网的基本思想，所有概念都可以分解成多个义原，并形成一个有限集合。利用这个有限的义原集合来描述概念之间和属性之间的关系，就可能建立起所预期的知识系统。词汇相似度被定义为一个在［0，1］之间的数值，词语与自身的相似度是 1，相似度 0 表示两个词语在所有上下文中均不可替换。

特征值采用知网（HowNet）的语义相似度计算公式，计算可能的近义词与待定词汇的相似度。依照知网思想，同类义原可以用树状结构描述，通过义原在树中的语义距离可以计算其相似度。若两个义原在此树状层次体系中路径距离为d，则它们的语义距离为：

$$\mathrm{sim}(p_1, p_2) = \frac{a}{d + a} \tag{6-2}$$

其中，p_1 和 p_2 表示两个义原，d 是 p_1 和 p_2 间的路径长度，a 是可被调节的参数。

由此，计算词汇和可能近义词之间第二位和第三位义原的相似度，取最大值为词汇相似度，并将待定词汇与全部可能近义词的相似度求和，获得特征词汇的倾向性度量值。因此，云计算服务信任词汇 w 的语义倾向性计算公式如下：

$$O\_word(w) = \sum_{i=1}^{k_p} \mathrm{sim}(wp_i, w) - \sum_{j=1}^{k_n} \mathrm{sim}(wn_j, w) \tag{6-3}$$

其中，wp_i 是褒义基准词，wn_j 是贬义基准词，w 为倾向性计算词汇，k_p 和 k_n 分别为褒义和贬义的可能近义词数。

6.4.2　句子的倾向性分析计算

网络评论中有关云计算服务信任和采纳的评论大都以句子形式出现，因此需要进行汉语句子情感倾向性分析。黄高峰等，娄德成和姚天昉、李涵昱、徐琳宏、熊德兰等人先后对汉语句子褒贬倾向性进行了研究。句子情感倾向性分析重点是分析提取句子中与情感倾向性论述相关联的各个特征要素，这些特征要素都是由具体的特征词来体现的，因此，研究中我们将句子情感倾向性分析转化为同一句子中相关词汇关系的倾向性分析计算。

多个词汇关系的倾向性计算，可分解为两两关系的计算。根据熊德兰等的研究，同一句子出现的两个词汇倾向计算可以通过语义距离和语法距离来进行。其中，语义距离用于描述词汇间语义关系的密切度，可反映出句子的大致褒贬情感。语法距离用于描述词汇之间的组合方式对褒贬倾向的强化和弱化作用。因此，句子褒贬倾向可以由句子的语义相关倾向值和语法相关倾向值表示，我们作如下定义：

定义 1 句子语义相关倾向值是反映句子语义空间域词汇关系的倾向值。

对于同一句中的两个词汇语义关系，通过语义空间欧式距离的计算来描述，句子语义相关倾向值可给出以下计算公式：

$$O\_semantic(w_1, w_2) = \frac{\alpha}{\sqrt{\sum_{i=1}^{n}(x_{1i} - x_{2i})^2}} \tag{6-4}$$

其中，w_1和w_2在n维空间中的点分别可用 $\{x_{11}, x_{12}, \cdots, x_{1n}\}$ 和 $\{x_{21}, x_{22}, \cdots, x_{2n}\}$ 表示，n为基准词数，α 为可调节参数。

定义 2 句子语法相关倾向值是句子与语法空间分析相关的倾向值。

对于词汇 w_1和 w_2间的语法关系可用语法分析树中节点遍历次序差异的语法距离来表示，较好地反映了两个词汇之间搭配关系和修饰关系，句子语法相关倾向值可用式（6－5）表示：

$$O\_syntax(w_1, w_2) = \frac{\beta}{|N_i - N_j|} \tag{6-5}$$

其中，N_i和 N_j表示先序遍历句法树时节点的序号；β为可调节参数。

由此，句子s的倾向度计算公式可如下表示：

$$O\_sentence(s) = \sum_{i=1}^{n-1}\sum_{j=i+1}^{n}(O\_semantic(w_i, w_j) + O\_syntax(w_i, w_j)) \tag{6-6}$$

6.5 云计算服务信任的整体倾向性计算

汉语句子倾向性计算主要解决句子的词汇相关的语义和语法关系，而作为汉语文本整体倾向性计算，则关系到汉语中文本信息的不确定性。而D－S证据理论对于处理不确定性信息非常有效。

6.5.1 D－S证据理论背景

D－S证据理论由Dempster与其学生Shafer提出并发展。该理论可以从证据中提取用于证明某个推论的信息，并将众多证据中的信息组合在一起来判断要推理的问题。证据理论能够处理由不知道引起的不确定性，将命题以集合的形式来表示，从而将不确定性描述的对象从命题转为集合，讨论的对象就是目标集的幂集。

对于一个针对由网络评论组成的汉语文本整体倾向性评测的非空有限域 Θ，Θ 被称为辨识框架，用来描述 $\{\theta_1, \theta_2, \cdots, \theta_n\}$ 这样一系列有限的系统状态，其中系统状态假设 Hi 是辨识框架 Θ 的子集，也就是 Θ 幂集的一个元素。D－S 证据理论希望根据对系统状态的一系列观察 E_1，E_2，…，E_n 来推断出系统当前所处的状态。对于某个证据支持一个系统状态的概率函数，称为基本概率分配函数 BPA（basic probability assignment），定义如下：

定义 3　设 Θ 是一个识别框架，基本概率分配函数 m 被称为 mass 函数，是一个 Θ 的幂集到［0，1］区间的映射：$m: 2^{\Theta} \rightarrow [0, 1]$，并且满足 $m(\phi) = 0$，且 $\sum_{A \subseteq \Theta} m(A) = 1$。

其中，如果 $m(A) > 0$，则这些 A 称为焦元。

定义 4　设 Θ 是一个识别框架，Bel 是在 Θ 上基于 m 的信任函数，定义为：

$$Bel(A) = \sum_{B \subseteq A} m(B) \tag{6-7}$$

定义 5　对于 $\forall A \subseteq \Theta$，$m_1$ 和 m_2 是 Θ 上的两个 mass 函数，Dempster 合成规则是：

$$m_1 \oplus m_2(A) = \frac{1}{K} \sum_{B \cap C = A} m_1(B) \cdot m_2(C) \tag{6-8}$$

其中，

$$K = \sum_{B \cap C \neq \phi} m_1(B) \cdot m_2(C) = 1 - \sum_{B \cap C = \phi} m_1(B) \cdot m_2(C) \tag{6-9}$$

K 称为归一化常数。

其中，若 $A = \Phi$，则 $m_1 \oplus m_2(\phi) = 0$。

对于 $\forall A \subseteq \Theta$，设 $m_1, m_2, \ldots, m_n$ 是在识别框架 Θ 上的 n 个基本概率分配 mass 函数，其 Dempster 合成规则为：

$$m_1 \oplus m_2 \oplus \cdots \oplus m_n(A) = \frac{1}{K} \sum_{A_1 \cap A_2 \cap \cdots \cap A_n = A} m_1(A_1) \cdot m_2(A_2) \cdot \cdots \cdot m_n(A_n) \tag{6-10}$$

其中，

$$K = \sum_{A_1 \cap A_2 \cap \cdots \cap A_n \neq \phi} m_1(A_1) \cdot m_2(A_2) \cdot \cdots \cdot m_n(A_n)$$

$$= 1 - \sum_{A_1 \cap A_2 \cap \cdots \cap A_n = \phi} m_1(A_1) \cdot m_2(A_2) \cdot \cdots \cdot m_n(A_n)$$

K 为归一化常数。

6.5.2 基于 D－S 证据理论的整体倾向性评测

6.5.2.1 评测数据的预处理

本章讨论的云计算服务信任预测是基于网络评语而展开的，而分析评测的原则和依据则是云计算服务信任评价模型。有关云计算服务信任评价模型的建立需要顾及评语描述的特点。根据云计算服务信任评价有关指标和 D－S 证据理论思想，本文提出一种云计算服务信任评价计算方法。云计算服务信任评价是基于网络评语的整体性评价，评价基础是对文本句子的倾向性数据计算，因此，在实行整体倾向性预测前，需要对有关网络评语的文本句子倾向性数据进行预处理，以满足 D－S 证据理论的合成条件需要。

定义 6 为满足 D－S 证据理论的 BPA 函数定义要求，在识别框架 Θ 内对云计算服务信任评测的一个状态可作如下形式化表示：

$$E_s = \alpha S \cdot P^T \tag{6-11}$$

其中，α 为满足 D－S 证据理论 BPA 函数中 $\sum_{A \subseteq \Theta} m(A) = 1$ 的可调节参数，$S = \{s_1, s_2, \cdots, s_f\}$ 表示句子与云计算服务信任评价模型指标体系特征项相关的倾向向量，P^T 为 P 的转置，$P = \{p_1, p_2, \cdots, p_f\}$ 表示云计算服务信任评价模型相关特征项的权重向量，f 为特征项数。

6.5.2.2 基于 D－S 证据理论的评测规则合成

整体文本段落和篇章由若干语句来组成，在基于 D－S 证据理论的文本整体性倾向计算中，可直接通过句子倾向值来进行合成。对于 n 条语句，设 m_1，m_2，…，m_n 是在识别框架 Θ 上的 n 个基本概率分配 mass 函数，其 Dempster 合成规则为公式（6－12）所列，即：

$$m_1 \oplus m_2 \oplus \cdots \oplus m_n(A) = \frac{1}{K} \sum_{A_1 \cap A_2 \cap \cdots \cap A_n = A} m_1(A_1) \cdot m_2(A_2) \cdot \cdots \cdot m_n(A_n) \tag{6-12}$$

由式（6－12）计算出 Dempster 理论的合成 mass 函数值，并代入式（6－7），由此计算出其相对应的信任函数 Bel（A）的值。

然而，文本语义的特殊性在合成句子倾向性值的过程中常常表现出一定的复杂度。在识别框架 Θ 中云计算服务信任模型指标体系的有限个特征值是相互独立的事件，但在网络评论的语义理解中有关词汇又是相互影响的。如在指标体系构成情况“安全性”因子的语义理解中，云计算服务的“数据安全”“网络安全”“平台安全”等特征项都有可能在句子中找到相对应的词汇，但也会出现诸如“好”“棒”“给力”等一类笼统描述“安全性”层次的词汇，它们通常是与因子构成情况相关，是识别框架 Θ 内的一个子集。当这类子集数量达到一定程度后，在 Dempster 合成规则的计算过程中，就有可能出现证据组合爆炸的情况。

为解决证据组合爆炸的问题，可以通过减少基本概率分配 mass 函数的焦元个数来达到计算的简化。根据 Voorbraak 的研究，基本概率分配函数的贝叶斯近似的合成等于基本概率分配函数的合成的贝叶斯近似。该公式不仅可以大幅简化计算量，而且对那些仅关心识别框架中的单个假设，而非多个假设组成的子集的最终结论的情况是非常有效的。这一近似计算思想和计算结论与云计算服务信任评测要求基本一致。因此，我们对特征项词汇以上一层的构成因子相关词汇的倾向计算，给出以下的基本概率分配函数的贝叶斯近似计算公式，即

$$m(A)=\begin{cases}\dfrac{\sum\limits_{A\subseteq B}m(B)}{\sum\limits_{C\subseteq\Theta}m(C)\cdot|C|}, & \text{若 A 是单个假设集合}\\ 0, & \text{否则}\end{cases} \tag{6-13}$$

通过公式（6－13）的运算，既保留了信任指标体系特征项相关的构成因子一级的词汇在信任评测中的作用，又大大减少了由于焦元数增多引起的计算量，避免了证据组合爆炸的情况，提高了证据合成的效率。

6.6　实验结果与分析

实验中，参考和综合国内外学者对云计算服务评价模型的研究成果，提出基于网络评语的云计算服务信任评价模型指标和权重值（见表 6－1）。

表 6-1 基于网络评语的云计算服务信任评价体系

目标	因子构成情况	特征项	权重 P_i
基于网络评语的云计算服务信任评价指标	性能	响应时间	0.102
		吞吐率	0.124
	成本	服务价格	0.072
		违约罚金	0.031
	可用性	准确性	0.059
		鲁棒性	0.075
	可靠性	平均故障时间	0.073
		系统稳定性	0.053
	扩展性	自动化程度	0.041
		扩容灵活性	0.067
	安全性	数据安全	0.122
		网络安全	0.068
		平台安全	0.045
	声誉	知名度	0.035
		描述真实性	0.009
	服务	服务态度	0.008
		服务效率	0.016

实验随机选取了 10 种云计算服务提供商的云服务产品，从百度口碑、知乎、CSDN、锋云网以及各大云计算服务产品论坛中选取针对这些云计算服务产品的评论网页，并将评语分解成 1000 个至少包含一个特征项情感词的句子。对于词汇和句子语义的倾向性计算实验，参考文献的有关实验方法和实验结果，主要做了三个方面工作：（1）特征项的识别；（2）特征项和情感描述项关系的识别；（3）特征词的极性值计算。

在特征值计算基础上，重点对基于 D-S 证据理论的整体倾向性评测进行实验。对于基于 D-S 证据理论的整体倾向性评测，重点解决构成信任评价体系指标的分解与情感描述项识别过程中可能引起的焦元数量指数增加的控制问题。

实验计算中，对于每一个独立句子的情感描述项关系中因子构成情况级的词汇处理，根据贝叶斯近似计算式（6-13）将这一级的词汇进行分解，换算成相关特征值的权重值，并计算式（6-11），使得每一个句子的整体倾向转换成在识别框架 Θ 内的云服务采纳倾向值 E_S，其中 $s=1, 2, \cdots, n$。

将多个句子的信任倾向值 E_S 代入式（6-10），得到云计算服务信任项识别

框架 Θ 内有限个 mass 函数 m_1，m_2，…，m_n的 mass 函数值 $m_1 \oplus m_2 \oplus \cdots \oplus m_n$（A），并将值代入式（6－7）计算得到可信函数 Bel（A）的值。

同时，对 1000 个句子进行人工分类和人工标注，保证人工标注的特征词、情感描述项、特征词和情感描述项的关系以及特征值，与句子信任倾向值 E_S线形关联。在此基础上，对 1000 个句子的信任主题进行阅读评测，并按照不同服务提供商分类，将云计算服务信任程度按照［0，1］数值范围进行人工给分。人工对照组测试人员共有 20 名成员参加，小组成员的算术平均值为最后云计算服务信任值。统计结果如表 6－2 所示。

表 6－2　D－S 实验与人工阅读数据比较

云计算服务产品编号	可信函数 Bel（A）值	人工阅读值	漂移量	漂移度（%）
1	0.865	0.942	0.077	8.2
2	0.724	0.835	0.111	13.3
3	0.804	0.886	0.082	9.3
4	0.834	0.868	0.034	3.9
5	0.841	0.916	0.075	8.2
6	0.887	0.951	0.064	6.7
7	0.914	0.989	0.075	7.6
8	0.803	0.855	0.052	6.1
9	0.922	0.933	0.011	1.2
10	0.837	0.909	0.072	7.9
平均	0.843	0.908	0.065	7.2

从实验数据可以看出，基于 D－S 证据理论的整体倾向性评测和人工阅读评测呈现较好的一致性。尽管基于 D－S 证据理论的整体倾向性评测数据与人工阅读评测数据存在整体平均 0.065 的漂移和 7.2% 的漂移度，但对于基于 D－S 证据理论的评测排序与人工阅读评测排序情况，两种评测排列顺序的相似率达到 80%，其中云计算服务产品编号为 9 的样本 D－S 排序与人工阅读评测排序有较大出入，其余样本则表现出较好的一致性。

本次实验是在已知句子特征项和倾向值基础上对整体倾向的一种评测试验，实验条件和实验过程相对理想，实验结果也基本呈现预期的效果。实验中最主要的困难在于特征词与情感倾向关系的识别和分解上，特别是对于因子构成情况级词汇的处理。究其原因，一方面是句子语义倾向值和句子语法倾向值提取的精确度上存在技术原因；另一方面可能是网络评语语法和长短等方面不规范的特点，也易造成句子分析的困难。

6.7 本章小结

为促进企业用户采纳云计算服务，本章针对影响云计算服务采纳的信任因素，分析了企业用户对云计算服务信任感不高的原因，在很大程度上不是由于云服务商品质低劣或者云计算技术不够安全，而是由于信息不对称，企业用户对云计算服务商、云计算产品缺乏了解，所以本书从意见挖掘的视角，结合 D－S 证据理论，探索性地设计一种基于网络评论信息的云计算服务信任评价机制，并进行实证研究，以期减少和消除企业用户在采纳云计算服务过程中的信息不对称，帮助企业用户提高对云计算服务的信任，促进采纳行为。云计算服务信任评价机制的提出对于促进企业用户选择和采纳云计算服务，推进云计算技术应用的普及，具有重要的现实意义。

第7章 促进企业用户采纳云计算服务的对策体系研究

第6章的研究提出了一种基于网络评论信息和意见挖掘的云计算服务信任评价机制，有助于降低和消除企业用户在采纳云计算服务过程中的信息不对称，提高用户对云计算服务的信任，从而促进采纳行为。但是，该研究主要针对信任影响因素提出了一种推进企业用户对云计算服务采纳的方法，并没有对组织、环境和技术等相关影响因素提出解决对策。因此，本章将针对这些云计算服务用户采纳关键影响因素，基于云计算发展的现实状况，从云服务提供商维度、云服务维度以及用户维度、组织维度等方面提出促进企业用户采纳云计算服务的原则与对策体系。

7.1 云计算用户采纳促进原则

为了进一步推进企业用户对云计算服务的采纳，需要遵循以下几个原则。

7.1.1 用户需求至上原则

云计算的发展需凭借信息的传播，必须以用户为中心，满足用户的个性化需求。企业用户根据自身行业的不同会对云计算服务产生不同的个性化需求，云计算服务必须以用户为中心，提供相应的服务，提高用户的满意度。

7.1.2 服务多元需求原则

云计算服务应根据用户的不同需求，如用户需求社交化、综合化的特征，设计以用户为中心的服务方式，结合用户需求个性化的特点，建立独特的云计算服务提供模式；结合用户需求专业化的特点，提升云计算服务的质量和效率；根据用户追求高效率、易用性等特点，加强服务的广度和深度。

7.1.3 依托社会关系原则

可信的社会关系会受到用户的青睐，并愿意采纳他们所提供的信息和服务。云计算是在由人所组成的社会关系网络中流动的，所以可以依托用户的社会关系网络开展服务推广，基于信任关系传递的信息更有可信性，这不仅与用户利益相关，也关系到企业的长远发展。依托云计算用户，借助用户社会关系网络为用户展开全方位的服务。

7.2 云服务供应商维度的促进策略

7.2.1 采用技术创新促进用户采纳

随着国家“互联网+”战略的实施，在许多传统行业和领域，企业也开始依托互联网，拓展新的业务，创造新的商业模式。云计算作为目前许多互联网应用的基础平台，也进入快速发展阶段，企业对云计算服务的需求逐渐开始增加。在这种形势下，云服务供应商应该抓住发展的机遇，在云计算服务产品的设计开发与推广中，结合不同行业、不同用户的需求，推陈出新，采用技术创新促进用户采纳云计算服务。

一方面，云服务商在开发云服务产品时，要结合用户需求，提供创新的云计算服务产品。目前，云计算的应用正在向各个行业扩散，不再局限于传统的电商、社交等互联网领域，制造业、金融业、餐饮业、交通运输等众多传统行业都已经开始运用云计算服务。云服务商在云计算服务产品的开发设计上应该针对不同行业企业的特点和需求，创新推出针对不同行业和特定领域的云计算服务产品。

另一方面，云服务商在推广云计算服务时，要突出强调云计算服务相对于传统互联网服务的创新优势，如云计算的海量存储使用户永远不用担心硬盘空间不够；云计算的超强计算能力使用户无须担心主机 CPU 性能的不足；云计算随时随地的便捷接入特性使用户不用担心忘了随身携带优盘；云计算的低成本优势让小企业也可以用上以往大企业才用得起的专业信息系统。努力让云计算的创新优势在企业用户中深入人心。

7.2.2　提升服务保障增加用户认可

云计算及其应用不断发展，云计算供应商为更好地服务企业用户，一方面积极提升服务保障水平，将用户服务保障条款逐步清晰化——包括供应商提供云计算服务的内容、标准体系、供应商和用户责任义务划分、供应商和用户在条款以外其他事项的补救措施等，通过这些细化条款的方式切实提升企业用户对云的信任和认可度。另一方面，云计算供应商需逐步壮大自身的实力，包括技术力量配备、技术服务水平、安全保障水平、防灾恢复能力等，从而进一步提升在业界的口碑，扩大自身知名度，有利于用户采纳与应用云计算服务。

7.3　云计算服务维度的促进策略

7.3.1　改进和完善云计算服务

供应商所提供的云计算服务是否优质，是企业用户采纳的核心指标。企业用户主要关注云计算服务是否能满足用户实际需求，是否可操作及方便易用，是否在工作中体现服务的优势。一是云计算服务应操作方便、推广度较强。服务容易被企业用户学习掌握，能尽快在企业内部得以推广和应用。二是云计算服务应用产生的成本可控。企业用户运用云计算技术将大大提升管理效率，提高企业盈利、生存和发展能力，其后期的运维、更新和升级的成本也要降低和可控。三是云计算服务需符合安全标准，服务的安全性直接影响企业的信任程度，做好用户准入识别，提升防灾处理能力。四是要建立培训服务，加强对用户专业知识、安全意识的培训，提高用户风险承担能力。五是要针对不同的企业做好相应的服务，提升服务专业化程度，满足不同类型的企业的个性化需求。

7.3.2　分层次提供云计算服务

分层次提供云计算服务即根据企业用户的特点和基础建设情况，针对不同层次企业提供 IaaS、PaaS、SaaS 及数据挖掘等服务。对于那些 IT 技术能力薄弱的公司，云计算服务应用尚处于初始阶段，可以提供软件即服务（SaaS），使其可以关注自身业务而不用担心技术维护、IT人员欠缺等问题。对于那些自身具备IT技术能力，有信息系统业务开发需求的企业，或者专业的软件开发企业，提供平台即服务（PaaS），使其可以将精力完全投入信息系统、应用软件的开发，业务流程的重组改造，无须顾虑硬件系统部署配置等问题。对于那些信息业务量较大，要求较高的企业，以及对于新推出App效果未知的创新企业，还有前期可能已经在使用其他云计算服务的企业，可以提供基础设施即服务（IaaS），使其不用担心系统性能不足、平台系统差异等问题。当企业对云服务信任度增加，服务层次逐步提高，可进一步为其提供数据挖掘服务。

7.4 云计算服务用户维度的促进策略

7.4.1 提升企业对云计算服务的认识

云计算代表了企业未来的信息化模式，已逐步在企业管理中发挥出自身优势。首先，要让企业的管理层提升对云计算服务的认可度，特别是提升内部管理效率，降低和节约运营成本，提升企业综合实力和盈利能力等。其次，要强化对国家政策和行业动态的关注，更清晰的定位采纳目标、积极尝试云计算服务体验、真正认识到云计算采纳对提升企业竞争力的作用。

7.4.2 提高云计算应用技术力量配备

影响企业用户对云计算采纳意愿的关键因素是企业专业化程度。企业内部云计算普及程度较高，人才积累较多，对云计算技术的认识度和操作水平较高，该企业对云计算服务采纳就具有较为明显的优势。因此，提高企业云计算采纳意愿须全面提升企业的专业化水平，强化人力资源和技术力量配备，增强企业云计算应用能力。

7.4.3 增强云计算应用风险防范能力

云计算应用的风险防范能力也将影响企业采纳意愿，风险防范能力的高低取决于专业化水平和实践应用的经验积累。因此，提高企业云计算采纳意愿须整合企业内部资源，建立较为成熟的风险防范机制，有效规避应用风险。

7.5　云计算服务组织维度的促进策略

7.5.1　政府扶持推动云计算产业发展

政府部门是云计算产业发展的重要推动力量，我国云计算产业发展基础较为薄弱，相对发达国家滞后，政府如果能在政策上给予扶持，在公共资源、财政税收、银行贷款等方面出台相应的优惠和支持，将有力推动云计算产业发展，此外，进一步健全配套法律制度和标准化建设，强化云计算基础设施建设，加大行业宣传力度，也将推动云计算服务被企业用户的采纳。实践证明，政府支持力度对企业采纳行为具有明显的正面效应。

7.5.2　推广云计算服务应用示范企业

扶持综合实力强、技术应用程度领先的企业作为云计算服务应用示范企业，鼓励和引导它们先行采纳云计算服务，并积极推广服务应用成果，发挥这些示范企业在行业中的影响力，带动其他企业对云计算服务的关注，从而进一步推广云计算服务应用，加速培育新的企业用户，增加企业用户对云计算服务的认可度和信任度。

7.5.3　培育中小企业云计算应用市场

中小企业是市场中的活跃群体，相比大型企业较为完善和稳定的内部管理机制，它们相对规模小，资历浅，运作更为灵活、对于新技术的接受程度较高，因此，它们展示出更强的转型动机。根据这一特点，可针对中小企业的特点和优势，积极培育潜在的云计算服务市场，以中小企业为突破口进一步促进云计算服务的广泛应用，推动云计算服务的用户采纳。

7.6　本章小结

本章根据对企业用户云计算服务采纳影响因素研究的结果分析，从企业用户、云服务商、政府机构、社会环境等各个方面，提出相应的对策和建设性的意见。以期能够促进企业用户采纳云计算服务，为云服务商推广云服务产品以及政府机构设计产业发展和扶持政策提供参考，从而推动云计算产业在我国健康快速发展。

第 8 章　总结与展望

8.1　研究结论

近年来，云计算技术发展迅速，已逐步成为提升企业信息化水平，打造数字经济新动能的重要支撑。云计算是一种通过网络接入虚拟资源池以获取共享计算能力和资源的模式，仅需较少的管理工作和人为干预就能实现资源的快速获取和释放，并具有灵活、便利、按需服务等特点，大大降低了企业信息化转型的成本，这对于那些资金、技术和人力资源均有限的企业而言具有重要的价值。同时，云计算能够有效整合各类设计、生产和市场资源，促进产业链上下游的高效对接与协同创新，将为企业创造可观的利润和价值。云计算是一种革命性的技术创新，它将信息技术和服务模式进行了有效融合，形成了一种全新的商业服务模式，是信息化发展的新方向。虽然云计算服务具有巨大优势，但云计算的相关服务能否被使用者真正接受，在技术、成本、效率、效益、安全等方面还存在许多考量的因素。特别对于企业用户，云计算服务在企业群体中的应用和推广仍面临着各种问题，市场需求尚未完全释放。

为了解决这些问题，本书针对云计算服务的特点和企业用户采纳云计算服务的实际情况，分析和研究企业用户采纳云计算服务的各种影响因素，构建企业用户云计算服务采纳行为模型，并进行实证分析，为广大企业接入云计算服务以及政府推动云计算产业发展，提高云计算应用水平提供对策和建议。

本书主要研究内容和结论包括以下几方面：

（1）本书扩展和修正了传统的技术—组织—环境理论框架（T－O－E），将其拓展至云计算服务领域，通过融合创新扩散理论、理性行为理论、计划行为理论、技术接受模型等用户采纳理论以及制度理论，将传统的技术采纳和全新的云计算服务技术相结合，并创新引入感知云服务商品质和感知信息安全程度这两个云计算服务特有的信任因素，构建并实证了企业用户云计算服务采纳行为模型。

采纳模型中技术类影响因素包括相对优势、复杂性、兼容性、感知成本和可试性；组织类影响因素包括管理层态度、资源就绪度和需求迫切度；环境类因素包括潮流压力、竞争压力和政府支持；信任因素包括感知云服务商品质和感知信息安全程度。

实证结果显示，技术类影响因素中兼容性和可试性对企业用户采纳云计算的意向有显著的正向影响，感知成本对企业用户采纳云计算的意向有显著的负向影响。在组织类影响因素中，管理层态度和需求迫切度对企业用户采纳云计算的意向有显著的正向影响。环境类影响因素中，潮流压力和政府支持对企业用户采纳云计算的意向有显著的正向影响。在信任因素中，感知云服务商品质和感知信息安全程度均对企业用户采纳云计算的意向有显著的正向影响。

这就表示，云计算服务与企业现有信息和业务系统以及价值观兼容越好，或者云计算服务能够提供足够的试用机会，或者企业管理层对采纳云计算给予足够的支持，或者企业需要云计算服务的迫切度很高，或者政府积极鼓励应用云计算服务，或者媒体大量宣传云计算服务、行业内广泛应用云计算服务，企业用户对于采纳云计算服务的意愿就会增强，而如果企业用户觉得云计算服务的成本太高，云服务商的品质不值得信任，云端信息的安全得不到保证，他们对云计算服务的采纳意愿就会降低。

（2）本书研究了企业特质对企业采纳云计算服务意向的影响作用，企业的特质有很多维度，这里主要研究了企业规模、企业所处行业和企业发展阶段这三种企业特质对采纳意愿的影响。研究表明，企业规模和企业发展阶段对企业采纳云计算服务的意向有显著影响，而企业所处行业对企业采纳云计算服务的影响不显著。从单因素方差分析的结果来看，根据不同的企业规模分析，小微型企业采纳云计算服务的意向最高，中型企业的采纳意愿次之，大型企业的采纳意愿较低，说明大型企业采纳云计算服务的意愿弱于小型的企业。根据不同的企业发展阶段分析，初创期的企业采纳云计算服务的意向较高，成长期企业的采纳意愿次之，成熟期企业的采纳意愿较低，这说明老企业采纳云计算服务的意愿弱于新兴企业。

（3）本书按照不同企业特质，对云计算服务采纳模型进行了分组拟合分析，研究结果表明，按不同分组验证后，采纳模型的结果针对不同企业特质需要做相应的修正。

从企业规模的分组模型拟合情况来看，原采纳模型主要有以下修正，在技术类影响因素中，对于大型企业，感知成本对于云计算服务采纳意愿的负向影响和可试性对云计算服务采纳意愿的正向影响在修正的模型中并不显著，而中小微企业，特别是小微企业，感知成本和可试性对云计算服务采纳意愿的影响在修正模型中更为显著。在组织类影响因素中，修正模型没有太大变化，基本与原结论相同，只是需求迫切度对于云计算服务采纳意愿的影响对于小微企业来说更显著一些。在环境类影响因素中，对于大型企业，潮流压力对采纳意愿的影响变得并不显著，而对中小微企业的影响则显著性有所提高。政府支持对采纳意愿的影响依旧和原模型一样，但是在修正模型中，政府支持对小微企业的采纳意愿影响显著性增加，而对大型企业的影响显著性降低。在信任类影响因素中，感知云服务商品质对采纳意愿的影响与原模型基本相同，无显著变化。感知信息安全程度对采纳意愿的影响原模型相同，但对于大型和中型企业，感知信息安全程度对采纳意愿影响显著性更高，说明大中型企业，特别是大型企业在云计算技术的采纳上更注重对信息安全的要求。

从企业发展阶段的分组模型拟合情况来看，原采纳模型主要有以下修正，在技术类影响因素中，修正模型没有大的变化，只是兼容性对采纳意愿的影响在成熟期企业中更为显著，感知成本和可试性对采纳意愿的影响对于初创期企业更为显著。在组织类影响因素中，修正模型没有太大变化，基本与原结论相同，只是需求迫切度对于云计算服务采纳意愿的影响对于初创期企业来说更显著一些。在环境类影响因素中，修正模型没有太大变化，只是潮流压力对采纳意愿的影响，对于初创期企业更显著一些，政府支持对采纳意愿的影响，对于初创期企业要明显高于成长期和成熟期的企业。在信任类影响因素中，修正模型没有太大变化，只是感知信息安全程度对采纳意愿的影响，对于成熟期企业而言更为显著一些。

（4）根据企业用户云计算服务采纳行为模型的实证研究结果，本书从技术、组织、环境、信任等影响因素出发，提出相应的促进机制与对策体系。针对信任因素，本书提出一种基于网络评论和意见挖掘的云计算服务信任评价机制。我们需要通过提高企业用户在云计算服务采纳过程中对云计算服务的信任感来促进采纳行为，本研究中信任因素包括感知云服务商品质和感知信息安全程度，用户对云计算服务的信任感不够高，在很大程度上不是由于云服务商品质低劣或者云计算技术不够安全，而是由于信息不对称，对云计算服务商、云计算产品缺乏了解，所以本书从意见挖掘的视角，结合 D－S 证据理论，探索性地设计一种基于网络评论信息的云计算服务信任评价机制，并进行实证研究，以降低和消除企业用户在采纳云计算服务过程中的信息不对称，帮助企业用户提高对云计算服务的信任，促进采纳行为。

(5) 本书结合企业用户云计算服务采纳影响因素的研究，主要针对技术、组织和环境等因素，系统性地提出促进企业用户采纳云计算服务的多维度对策体系，分别从采纳云计算服务的企业用户、提供云计算服务的供应商和期望推动云计算产业发展的政府部门等不同维度，有针对性地提出了建设性的原则、意见和对策建议，对于促进企业云计算服务采纳，推动云计算产业发展有积极的现实意义和实践价值。

8.2 进一步的研究方向与展望

尽管本书已经对企业用户云计算服务采纳影响因素和采纳行为进行了深入的研究，创新性构建了企业用户云计算服务采纳行为模型，研究了不同企业特质对采纳意愿的影响，并做了分组模型拟合，同时针对采纳过程中的信任因素问题，探索性提出了一种基于 D－S 证据理论和网络评论信息的云计算服务信任评价机制。但是，在研究过程中难免有不足之处，对企业用户云计算服务采纳行为的研究还存在更大的研究空间和后续探索。

(1) 进一步深化云计算服务的细分采纳研究。云计算服务根据不同的分类标准可再进行细分，如按照部署方式分类，云计算服务的形式包括私有云、公有云、社区云、混合云；按服务类型分类，云计算服务包括基础架构即服务 IaaS、平台即服务 PaaS 和软件即服务 SaaS。针对不同的云计算服务细分种类，可以进一步深入研究细分云计算服务的企业采纳行为。

(2) 进一步探索企业特质对采纳云计算服务的影响。本书研究了企业规模、企业所属行业、企业发展阶段对采纳意愿的间接影响作用，但事实上，这只是企业特质的一部分，研究并不完善，可以进一步研究不同企业文化、细分的企业所处行业、企业性质等企业特质对采纳意愿的影响，以便更深入剖析企业特质的影响作用，对采纳模型进行完善。

(3) 进一步多视角研究企业用户云计算服务采纳行为。目前国内对云计算服务采纳的研究成果还比较少，研究理论和方法也并不多，对于云计算采纳的研究应该呈现多元化趋势，后续的研究可以考虑采用其他不同的研究理论和分析方法，从而进一步开拓新的视角，打开新的思路，应该尝试从不同角度研究该问题，甚至可以涵盖多层次跨学科开展研究，从而促进云计算服务采纳行为研究的发展和成熟。

参考文献

[1] 蔡霞，宋哲，耿修林，等. 社会网络环境下的创新扩散研究述评与展望［J］. 科学学与科学技术管理，2017（4）：73－84.

[2] 陈晓红，王傅强. 我国企业射频识别技术采纳的影响因素研究［J］. 科研管理，2013（2）：1－9.

[3] 陈琰，张金月. BIM 技术持续使用意向影响因素研究［J］. 工程管理学报，2017（1）：12－16.

[4] 程慧平，王建亚. 面向个人用户的云服务采纳行为研究述评［J］. 情报资料工作，2017（6）：68－73.

[5] 杜惠英. 3G 增值业务消费者采纳行为意愿研究［J］. 价值工程，2017（2）：34－37.

[6] 范并思. 云计算与图书馆——为云计算研究辩护［J］. 图书情报工作，2009，53（21）：5－9.

[7] 耿荣娜. 社会化电子商务用户信息采纳过程及影响因素研究［D］. 吉林大学，2017.

[8] 桂雁军. 企业云计算采纳决策研究［J］. 科技视界，2014（25）：22－23.

[9] 郭磊，秦酉. 省级政府社会政策创新扩散研究——以企业年金税收优惠政策为例［J］. 甘肃行政学院学报，2017（1）：67－77.

[10] 郭迅华，张楠，黄彦. 开源软件的采纳与应用：政府组织环境中的案例实证［J］. 管理科学学报，2010（11）：65－76.

[11] 韩华，顾巧论. 消费者再制造产品购买意愿影响因素研究［J］. 价值工程，2016（33）：10－12.

[12] 郝玫，王道平. 中文网络评论的复杂语义倾向性计算方法研究［J］. 图书情报工作，2014（22）：105－110.

[13] 郝晓明，郝生跃. 组织情境因素对企业动态能力形成的影响效应

[J]. 经济经纬, 2014 (2): 108-113.

[14] 胡冬兰. 企业云计算采纳、内化和扩散 [D]. 江苏科技大学, 2015.

[15] 胡芳, 徐赟, 詹敏学, 等. 中小企业B2B电子商务使用行为的探索性研究 [J]. 系统管理学报, 2017 (3): 473-484.

[16] 黄高峰, 周学广. 一种语句级细粒度情感倾向性分析算法研究 [J]. 计算机应用与软件, 2015 (4): 239-242.

[17] 黄以卫. 企业采纳移动营销影响因素及实证研究 [D]. 北京邮电大学, 2017.

[18] 景熠, 李文川. 智能制造背景下企业RFID技术采纳行为机理研究 [J]. 工业技术经济, 2017 (5): 86-91.

[19] 李刚. 基于云计算的省级电子政务采纳关键影响因素及系统模型 [D]. 哈尔滨工业大学, 2017.

[20] 李涵昱, 钱力, 周鹏飞. 面向商品评论文本的情感分析与挖掘 [J]. 情报科学, 2017 (1): 51-55.

[21] 李立威, 荆林波. 基于PLS-SEM的企业移动商务采纳意愿影响因素研究 [J]. 信息系统学报, 2016 (1): 27-40.

[22] 李立威, 荆林波. 企业移动商务采纳影响因素研究综述 [J]. 科技管理研究, 2015 (21): 126-129.

[23] 李敏. 中小企业云服务转换意愿实证研究 [D]. 中国科学技术大学, 2014.

[24] 李品怡. 基于TAM的中小企业SaaS采纳影响因素探究 [D]. 广东工业大学, 2014.

[25] 李普聪, 钟元生. 移动O2O商务线下商家采纳行为研究 [J]. 当代财经, 2014 (9): 75-87.

[26] 李书全, 彭永芳, 郑元明. 精益建设技术采纳影响因素与采纳意愿研究 [J]. 科技管理研究, 2014 (22): 172-177.

[27] 李文川. 企业RFID技术采纳行为研究进展 [J]. 信息系统学报, 2014 (1): 98-108.

[28] 李怡文. 组织在采纳信息技术前后的行为影响因素比较研究 [D]. 同济大学, 2006.

[29] 李永忠, 胡思琪. 基于HowNet和PAT树的网购评语情感分析 [J]. 图书情报研究, 2016 (3): 66-70.

[30] 梁乙凯. 电子政务云服务采纳、吸收及其价值影响机制研究 [D]. 山东大学, 2017.

[31] 梁乙凯, 戚桂杰, 周蕊. 开放式创新平台组织采纳关键因素研究 [J]. 科技进步与对策, 2017 (6): 1-6.

[32] 林家宝, 胡倩. 企业农产品电子商务采纳与常规化的形成机制 [J]. 华南农业大学学报 (社会科学版), 2017 (5): 98-112.

[33] 刘洪磊, 张思业. 基于TOE&RC框架的企业采纳BIM关键性因素研究 [J]. 价值工程, 2016 (10): 22-25.

[34] 刘鹏. 云计算 (第2版) [M]. 北京: 电子工业出版社, 2011.

[35] 刘森. 云计算技术的价值创造及作用机理研究 [D]. 浙江大学, 2014.

[36] 刘细文, 金学慧. 基于TOE框架的企业竞争情报系统采纳影响因素研究 [J]. 图书情报工作, 2011 (6): 70-73.

[37] 卢小宾, 王建亚. 云计算采纳行为研究现状分析 [J]. 中国图书馆学报, 2015 (1): 92-111.

[38] IBM. 智慧的地球—IBM云计算2.0 [EB/OL]. http: //www-31. ibm. com/ibm/cn/cloud/pdf/IBM_next_another_new. pdf, 2009.

[39] 马永红, 李玲, 王展昭, 等. 复杂网络下产业转移与区域技术创新扩散影响关系研究——以技术类型为调节变量 [J]. 科技进步与对策, 2016 (18): 35-41.

[40] 马永红, 张利宁, 王展昭. 基于采纳者决策机制的竞争性创新扩散的阈值模型构建及仿真研究 [J]. 科技管理研究, 2016 (22): 12-17.

[41] 毛淑珍, 乐国林, 崔明召. 组织情境要素影响目标管理理念实践应用的实证研究——以企业目标管理实施过程为例 [J]. 华东理工大学学报 (社会科学版), 2016 (2): 57-71.

[42] 苗虹, 孙金生, 葛世伦, 等. ERP分步云化的选择方法: 信息强度视角 [J]. 系统工程理论与实践, 2016 (3): 750-759.

[43] 莫富强, 王浩, 姚宏亮等. 基于领域知识的贝叶斯网络结构学习算法 [J]. 计算机工程与应用, 2008 (16): 34-36.

[44] 钱丽, 王永, 黄海, 等. "互联网+政务"服务公众采纳模型的研究 [J]. 情报科学, 2016 (10): 141-146.

[45] 邱泽国. 中国装备制造企业BPR实施的影响因素及实证研究 [D]. 东

北财经大学，2014.

[46] 邵明星. 企业用户云服务采纳及融合行为研究 [D]. 北京理工大学，2015.

[47] 邵明星. 企业用户云计算技术采纳的影响因素 [J]. 中国科技论坛，2016 (1)：99-105.

[48] 沈千里，章剑林，汤兵勇. 基于网络评论信息和D-S证据理论的云计算服务信任及采纳研究 [J]. 图书馆学研究，2018 (1)：40-46.

[49] 石双元，吴颖敏，张泽中，等. 基于TAM的企业云应用服务采纳模型及关键因素 [J]. 计算机工程与科学，2015 (5)：873-881.

[50] 苏敬勤，林菁菁. 国有企业的自主创新：除了政治身份还有哪些情境因素？[J]. 管理评论，2016 (3)：230-240.

[51] 苏婉. 地产开发企业物联网技术采纳行为研究 [D]. 吉林大学，2014.

[52] 孙丹. 基于TOE-RBV理论的大数据采纳影响因素的实证研究 [D]. 中国海洋大学，2015.

[53] 孙磊等. 基于层次变权的云服务可靠性评估模型 [J]. 系统工程理论与实践，2014 (12)：3212-3220.

[54] 陶永明. 信息技术采纳研究现状及展望 [J]. 东北财经大学学报，2016 (3)：19-25.

[55] 王丹丹，吴和成. 企业技术采纳时间决策模型研究 [J]. 科研管理，2017 (9)：21-29.

[56] 王建亚，罗晨阳. 个人云存储用户采纳模型及实证研究 [J]. 情报资料工作，2016 (1)：74-79.

[57] 王李冬，张慧熙. 基于HowNet的微博文本语义检索研究 [J]. 情报科学，2016 (9)：134-137.

[58] 魏乐，赵秋云，舒红平. 云制造环境下基于可信评价的云服务选择 [J]. 计算机应用，2013 (1)：23-27.

[59] 吴亮，邵培基，盛旭东，等. 基于改进型技术接受模型的物联网服务采纳实证研究 [J]. 管理评论，2012 (3)：66-74.

[60] 吴明隆. 结构方程模型——AMOS的操作与应用（第2版）[M]. 重庆大学出版社，2010.

[61] 熊德兰，程菊明，田胜利. 基于HowNet的句子褒贬倾向性研究 [J].

计算机工程与应用，2008，44（22）：143－145.

[62] 徐峰．基于整合TOE框架和UTAUT模型的组织信息系统采纳研究[D]．山东大学，2012.

[63] 徐琳宏，林鸿飞，杨志豪．基于语义理解的文本倾向性识别机制[J]．中文信息学报，2007，21（1）：96－100.

[64] 杨朝君，关宁，张亚莉．基于TOES模型的SaaS采纳问题研究[J]．世界科技研究与发展，2014（5）：560－565.

[65] 杨玲．建筑企业采纳BIM技术行为研究[J]．建筑经济，2015（7）：21－26.

[66] 姚天昉，程希文，徐飞玉等．文本意见挖掘综述[J]．中文信息学报，2008，22（3）：71－80.

[67] 姚天昉，娄德成．汉语语句主题语义倾向分析方法的研究[J]．中文信息学报，2007（5）：73－79.

[68] 殷康．云计算概念，模型和关键技术[J]．中兴通讯技术，2010，16（4）：18－23.

[69] 于兆吉，宋鹏．整合TAM——TOE模型的NFC支付用户使用意愿研究[J]．企业经济，2017（6）：70－76.

[70] 詹必胜，佘硕．信息技术对政府决策成本控制影响的实证研究[J]．电子政务，2017（3）：101－109.

[71] 张国政，王晓乔，赵振军．基于TAM的企业网上纳税系统采纳影响因素的实证研究[J]．电子商务，2014（2）：47－49.

[72] 张铠．建筑企业精益建设技术采纳意愿与采纳决策模型研究[D]．天津财经大学，2016.

[73] 张群洪，刘震宇，许红．基于映射关联规则算法的业务流程重组关键成功因素识别[J]．系统工程理论与实践，2011（6）：1077－1085.

[74] 赵彬，谢玉龙．房地产企业BIM技术采纳影响因素研究[J]．工程管理学报，2016（2）：142－146.

[75] 赵沐阳．移动互联网终端采用研究[D]．上海交通大学，2014.

[76] 赵玉攀，杨兰蓉．公众采纳政务APP影响因素及实证研究[J]．情报杂志，2015（7）：195－201.

[77] 中华人民共和国工业和信息化部．云计算白皮书（2012年）[EB/OL]．http：//www.miit.gov.cn/n1146312/n1146909/n1146991/n1648536/c3489481/part/

3489482. pdf.

[78] 朱嫣岚等. 基于 HowNet 的词汇语义倾向计算 [J]. 中文信息学报, 2006, 20 (1): 14 - 20.

[79] 邹鹏, 杨立钒. 组织和个体视角下的电子商务采纳研究评述 [J]. 现代情报, 2014 (7): 171 - 176.

[80] Abrahamson E, Rosenkopf L. Institutional and Competitive Bandwagons: Using Mathematical Modeling as a Tool to Explore Innovation Diffusion [J]. Academy of Management Review, 1993, 18 (3): 487 - 517.

[81] Ali M, Khan SU, Vasilakos AV. Security in cloud computing: Opportunities and challenges [J]. Information Sciences, 2015, 305: 357 - 383.

[82] Alshamaila Y, Papagiannidis S, Li F. Cloud computing adoption by SMEs in the north east of England: a multi - perspective framework [J]. Journal of Enterprise Information Management, 2013, 26 (3): 250 - 275.

[83] Ana - Maria Popescu, Oren Etzioni. Extracting Product Features and Opinions from Reviews [A]: Proceedings of the Human Language Technology Conference Conference on Empirical Methods in Natural Language Processing (HLT - EMNLP - 05), Vancouver, Canada, 2005 [C].

[84] Behrend T S, Wiebe E N, London J E, et al. Cloud computing adoption and usage in community colleges [J]. Behaviour & Information Technology, 2011, 30 (2): 231 - 240.

[85] Benlian A, Hess T. Opportunities and risks of software - as - a - service: findings from a survey of IT executives [J]. Decision Support Systems, 2011, 52 (1): 232 - 246.

[86] Bodkhe AP, Dhote CA. Cloud Computing Security: An issue of concern [J]. Int'l Journal of Advanced Research in Computer Science and Software Engineering, 2015, 5 (4): 1337 - 1342.

[87] Bollen K A, Ting K. A tetrad test for causal indicators [J]. Psychological Methods, 2000, 5 (1): 3 - 22.

[88] Borgman H P, Bahli B, Heier H, et al. Cloudrise: exploring cloud computing adoption and governance with the TOE Framework: System Sciences (HICSS), 2013 46th Hawaii International Conference, 2013 [C]. IEEE.

[89] Cegielski C G, Allison L J, Wu Y, et al. Adoption of cloud computing

technologies in supply Chains [J]. The International Journal of Logistics Management, 2012, 23 (2): 184 - 211.

[90] Cho V, Chan A. An integrative framework of comparing SaaS adoption for core and non - core business operations: An empirical study on Hong Kong industries [J]. Information Systems Frontiers, 2015, 17 (3): 629 - 644.

[91] Davis F. Perceived usefulness perceived ease of use and user acceptance of information technology [J]. MIS Quarterly, 1989, 13 (3): 319 - 341.

[92] Davis, Fred D, Bagozzi, et al. User acceptance of computer technology: a comparison of two theoretical models [J]. Management Science, 1989, 35 (8): 982 - 1003.

[93] Depboylu B C, Myers P O, Mootoosamy P, et al. Does adoption of new technologies require high operative volume? Our results with sutureless aortic bioprostheses [J]. Journal of Cardiothoracic Surgery, 2015, 10 (1): A296.

[94] Du J, Lu J, Wu D, et al. User acceptance of software as a service: evidence from customers of China's leading e - commerce company, Alibaba [J]. Journal of Systems and Software, 2013, 8 (86): 2034 - 2044.

[95] E Karahanna, DW Straub. The psychological origins of perceived usefulness and ease - of - use [J]. Information & MANAGEMENT, 1999, 35 (4): 237 - 250.

[96] Fishbein M, Ajzen I. Belief, attitude, intention and behavior: An introduction to theory and behavior: An introduction to theory and research [M]. 1975.

[97] Foster I, Zhao Y, Raicu I, et al. Cloud computing and grid computing 360 - degree compared: 2008 Grid Computing Environments Workshop, Austin, TX, USA, 2008 [C].

[98] Gangwar H, Date H. Understanding cloud computing adoption: a model comparison approach [J]. Human Systems Management, 2016, 35 (2): 93 - 114.

[99] Gary C Moore, Izak Benbasat. Development of an Instrument to Measure the Perceptions of Adoption an Information Technology Innovation [J]. Information Systems Research, 1991, 2 (3): 192 - 222.

[100] Gefen D, Karahanna E, Straub DW. Trust and TAM in online shopping: An intergrated model [J]. MIS Quarterly, 2003, 27 (1): 51 - 90.

[101] Gorla N, Chiravuri A, Chinta R. Business - to - business e - commerce adoption: An empirical investigation of business factors [J]. Information Systems Fron-

tiers, 2017, 19 (3): 645 -667.

[102] G Prekumar, K Ramamurthy, S Nilakanta. The impact of interorganizational relationships on the adoption and diffusion of interorganizational systems [J]. Thirteenth International Conference on Information, 1992, 31 (6): 269 -270.

[103] Gupta P, Seetharaman A, Raj J R. The usage and adoption of cloud computing by small and medium businesses [J]. International Journal of Information Management, 2013, 33 (5): 861 -874.

[104] Hasan N, Ahmed M R. Cloud Computing: Opportunities and Challenges [J]. Journal of Modern Science and Technology, 2013, 1 (1): 76 -83.

[105] Hauck M, Huber M, Klem M, et al. Challenges and opportunities of cloud computing [J]. Karlsruhe Reports in Informatics, 2010 (19): 1 -32.

[106] Heart T. Who is out there? Exploring the effects of trust and perceived risk on SaaS adoption intentions [J]. ACM SIGMIS Database, 2010, 41 (3): 49 -68.

[107] Hsu P F, Ray S, Li - Hsieh Y Y. Examining cloud computing adoption intention, pricing mechanism, and deployment model [J]. International Journal of Information Management, 2014 (4): 474 -488.

[108] Humphrey M Sabi, Faith - Michael E Uzoka, Kehbuma Langmia, et al. A cross - country model of contextual factors impacting cloud computing adoption at universities in sub - saharan africa. [J]. Information Systems Frontiers, 2017: 1 -24.

[109] Icek Ajzen. The theory of planned behavior [J]. Organizational Behavior & Human Decision Processes, 1991, 50 (2): 179 -211.

[110] Iyer E K, Krishnan A, Sareen G, et al. Analysis of dissatisfiers that inhibit cloud computing adoption across multiple customer segments: Proceedings of the European Conference on Information Management & Evaluation, 2013 [C].

[111] J. Kamps, M. Marx, R. J. Mokken, et al. Using WordNet to measure semantic orientation of adjectives [A]: In: Proceedings of LREC -04, 4th International Conference on Language Resources and Evaluation, Lisbon, 2004 [C].

[112] Johansson B, Uivo P. Exploring factors for adopting ERP as SaaS [J]. Procedia Technology, 2013 (9): 94 -99.

[113] J Ranald, I Lumsden, Gutierrez Anabel. Understanding the Determinants of Cloud Computing Adoption Within The UK: European, Mediterranean & Middle Eastern Conference on Information Systems, 2013 [C].

[114] J Yi, W Niblack. Sentiment Mining in Web – Fountain [A]: In : Proceedings ICDE – 05 , the 21stInternational Conference on Data Engineering, Tokyo, Japan, 2005 [C]. IEEE Computer Society.

[115] Kendall JD, Lai LT, Chua KH, et al. Receptivity of Singapore's SMEs to electronic commerce adoption [J]. The Journal of Strategic Information Systems, 2001, 10 (3): 223 –242.

[116] Keung J, Kwok F. Cloud deployment model selection assessment for SMEs: renting or buying a cloud: Proceedings of the 2012 IEEE/ACM Fifth International Conference on Utility and Cloud Computing, 2012 [C]. IEEE Computer Society.

[117] Kusnandar T, Surendro K. Adoption model of hospital information system based on cloud computing: case study on hospitals in Bandung city: ICT for Smart Society (ICISS) , 2013 International Conference on, IEEE, 2013 [C].

[118] Lawkobkit M, Speece M. Integrating focal determinants of service fairness into post – acceptance model of IS continuance in cloud computing: 2012 IEEE/ACIS 11th International Conference, 2012 [C]. IEEE.

[119] Leeann Kung, Casey G Cegielski, Kung. H. Cloud Computing in Support of Supply as a Service Adoption: An Integrated Perspective: Proceedings of the Nineteenth America Conference on Information Systems, Chicago, Illinois, 2013 [C].

[120] Lewis J D, Weigert A J. Trust as social reality [J]. SOCIAL FORCES, 1985, 63 (4): 967 –985.

[121] Lian J W, Yen D C, Wang Y T. An exploratory study to understand the critical factors affecting the decision to adopt cloud computing in Taiwan hospital [J]. International Journal of Information Management, 2014, 34 (1): 28 –36.

[122] Li Min, Zhao D, Yu Y. TOE drivers for cloud transformation: direct or turst – mediated [J]. Asia Pacific Journal of Marketing & Logistics, 2015, 27 (2): 226 –248.

[123] Lin S L, Wang C S, Yang H L. Applying fuzzy AHP to understand the factors of cloud storage adoption [M] //Intelligent Information and Database Systems. Springer International Publishing, 2014: 282 –291.

[124] Liu H. Big data drives cloud adoption in enterprise [J]. IEEE internet computing, 2013, 17 (4): 68 –71.

[125] Loukis E, Kyriakou N, Pazalos K, et al. Inter – organizational innovation

and cloud computing [J]. Electronic Commerce Research, 2017, 17 (3): 379 -401.

[126] Low C, Chen Y, Wu M. Understanding the determinants of cloud computing adoption [J]. Industrial management & data systems, 2011, 111 (7): 1006 - 1023.

[127] Luo L. Reference librarians'adoption of cloud computing technologies: an exploratory study [J]. Internet Reference, 2012, 17 (3/4): 147 -166.

[128] Manifesto O C. Open cloud manifesto [EB/OL]. http: //www. opencloudmanifesto. org/.

[129] Marston S, Li Z, Bandyopadhyay S, et al. Cloud computing - The business perspective [J]. Decision Support Systems, 2011, 51 (1): 176 -189.

[130] Mayer RC, Davis JH, Schoorman FD. An integrative model of organizational trust [J]. ACADEMY OF MANAGEMENT REVIEW, 1995, 20 (3): 709 -734.

[131] Mell P, Grance T. The NIST definition of cloud computing (draft) [J]. NIST special publication, 2011, 800 (145): 1 -7.

[132] M Gamon, A Aue, S Corston - Oliver, et al. Pulse : Mining Customer Opinions from Free Text [A]: In : Proceedings of IDA - 05 , the 6th International Symposium on Intelligent Data Analysis, Madrid, Spain, 2005 [C]. Lecture Notes in Computer Science , Springer - Verlag.

[133] M. J. M. Vermeij. The Orientation of User Options Through Advers, Verbs And Nouns: 3rd Twente Student Conference on IT, Enschede, 2005 [C].

[134] Narasimhan B, Nichols R. State of cloud applications and platforms: the cloud adopters'view [J]. Computer, 2011, 44 (3): 24 -28.

[135] Neves F T, Marta F C, Correia A M R, et al. The adoption of cloud computing by SMEs: identifying and coping with external factors [J]. ISEG, 2011 (10): 1 -11.

[136] Nguyen T D, Nguyen T M, Pham Q T, et al. Acceptance and use of e - learning based on cloud computing: the role of consumer innovativeness [M] //Computational Science and Its Applications - ICCSA 2014. Springer International Publishing, 2014: 159 -174.

[137] Nkhoma M Z, Dang D P T, De S A, et al. Contributing factors of cloud computing adoption: a technology - organization - environment framework approach: Proceedings of the European Conference on Information Management, 2013 [C].

[138] Nohria N, Gulati R. What is the optimum amount of organizational slack?: A study of the relationship between slack and innovation in multinational firms [J]. European Management Journal, 1997, 15 (6): 603 - 611.

[139] Oliveira T, Thomas M, Espadanal M. Assessing the determinants of cloud computing adoption: an analysis of the manufacturing and services sectors [J]. Information & Management, 2014, 51 (5): 497 - 510.

[140] Opala O J, Rahman S M. An exploratory analysis of the influence of information security on the adoption of cloud computing: System of Systems Engineering (SoSE), 2013 8th International Conference., 2013 [C]. IEEE.

[141] Opitz N, Langkau T F, Schmidt N H, et al. Technology acceptance of cloud computing: empirical evidence from German IT departments: System Science (HICSS), 45th Hawaii International Conference, 2012 [C]. IEEE.

[142] Park E, Kim K J. An integrated adoption model of mobile cloud services: exploration of key determinants and extension of technology acceptance model [J]. Telematics and Informatics, 2014, 31 (3): 376 - 385.

[143] Park S C, Ryoo S Y. An empirical investigation of end - users'switching toward cloud computing: a two factor theory perspective [J]. Computers in Human Behavior, 2013, 29 (1): 160 - 170.

[144] Paustian M, Theuvsen L. Adoption of precision agriculture technologies by German crop farmers [J]. Precision Agriculture, 2017, 18 (5): 701 - 716.

[145] Philipp Rieger, Heiko Gewald, Bernd Schumacher. Cloud - Computing in Banking Influential Factors, Benefits and Risks From a Decidion Maker's Perspective: Proceedings of the Nineteenth Americas Conference on Information Systems, Chicago, Illinois, 2013 [C].

[146] Plummer D C, Bittman T J, Austin T, et al. Cloud computing: Defining and describing an emerging phenomenon [EB/OL]. https://www.gartner.com/doc/697413.

[147] Powell WW, Dimaggio PJ. The New Institutionalism in Organizational Analysis [M]. University Of Chicago Press, 1991.

[148] Price M, Lau F. The clinical adoption meta - model: a temporal meta - model describing the clinical adoption of health information systems [J]. BMC Medical Informatics and Decision Making, 2014, 14 (1): 43.

[149] Rahayu R, Day J. E – commerce adoption by SMEs in developing countries: evidence from Indonesia [J]. Eurasian Business Review, 2017, 7 (1): 25 – 41.

[150] Ratnam K A, Dominic P D D, Ramayah T. A structural equation modeling approach for the adoption of cloud computing to enhance the Malaysian Healthcare Sector [J]. Journal of medical systems, 2014, 38 (8): 1 – 14.

[151] Ratten V. A US – China comparative study of cloud computing adoption behavior: the role of consumer innovativeness, performance expectations and social influence [J]. Journal of Entrepreneurship in Emerging Economies, 2014, 6 (1): 53 – 71.

[152] Ratten V. Entrepreneurial and ethical adoption behavior of cloud computing [J]. The Journal of High Technology Management Research, 2012, 23 (2): 155 – 164.

[153] Rawal A. Adoption of cloud computing in India [J]. Journal of Technology Management for Growing Economies, 2011, 2 (2): 65 – 78.

[154] Repschlaeger J, Erek K, Zarnekow R. Cloud computing adoption: an empirical study of customer preferences among start – up companies [J]. Electronic Markets, 2013, 23 (2): 115 – 148.

[155] Rogers E M. Diffusion of innovations (4th) [M]. New York: Free Press, 1995.

[156] Rogers E M. Diffusion of innovations (5th) [M]. New York: Free Press, 2003.

[157] Sabi H M, Uzoka F E, Langmia K, et al. A cross – country model of contextual factors impacting cloud computing adoption at universities in sub – Saharan Africa [J]. Information Systems Frontiers, 2017.

[158] Salahshour Rad M, Nilashi M, Mohamed Dahlan H. Information technology adoption: a review of the literature and classification [J]. Universal Access in the Information Society, 2017.

[159] Sara T, Deniel P, Pedro S. Cloud computing in industrial SMEs—identification of the barriers to its adoption and effects of its application [J]. Electronic Markets, 2013, 23 (2): 105 – 114.

[160] Scott W. Cloud security: is it really an issue for SMBs? [J]. Computer

Fraud & Security, 2010: 14 - 15.

[161] Seethamraju R. Adoption of Software as a Service (SaaS) Enterprise Resource Planning (ERP) Systems in Small and Medium Sized Enterprises (SMEs) [J]. Information Systems Frontiers, 2015, 17 (3): 475 - 492.

[162] Selznick P. The TVA and the grass roots [M]. Berkeley: University of California Press, 1949.

[163] Senarathna I, Yeoh W, Warren M, et al. Security and privacy concerns for australian smes cloud adoption: empirical study of metropolitan vs regional smes [J]. Australasian Journal of Information Systems, 2016: 20.

[164] Seo K. An explorative model for B2B cloud service adoption in Korea: focusing on IaaS adoption [J]. International Journal of Smart Home, 2013, 7 (5): 155 - 164.

[165] Shareef S. The adoption of cloud computing for e - government initiative in regional governments in developing countries: Proceedings of the 13th European Conference on e - Government: ECEG 2013, 2013 [C]. Academic Conferences Limited.

[166] Shin D H. User centric cloud service model in public sectors: policy implications of cloud services [J]. Government Information Quarterly, 2013, 30 (2): 194 - 203.

[167] Shin J, Jo M, Lee J, et al. Strategic management of cloud computing services: focusing on consumer adoption behavior [J]. IEEE Transactions on Engineering Management, 2014, 61 (3): 419 - 427.

[168] Simtowe F, Asfaw S, Abate T. Determinants of agricultural technology adoption under partial population awareness: the case of pigeonpea in Malawi [J]. Agricultural and Food Economics, 2016, 4 (1): 7.

[169] Subramanian N, Abdulrahman M D, Zhou X. Integration of logistics and cloud computing service providers: cost and green benefits in the Chinese context [J]. Transportation Research Part E: Logistics and Transportation Review, 2014 (70): 86 - 98.

[170] Sumberg J. Opinion: the effects of technology adoption on food security: linking methods, concepts and data [J]. Food Security, 2016, 8 (6): 1037 - 1038.

[171] Sumberg J. Opinion: the effects of technology adoption on food security: linking methods, concepts and data [J]. Food Security, 2016, 8 (6): 1037 - 1038.

[172] Sun J, Qu Z. Understanding health information technology adoption: A synthesis of literature from an activity perspective [J]. Information Systems Frontiers, 2015, 17 (5): 1177 – 1190.

[173] Tashkandi A N, Al – Jabri I M. Cloud computing adoption by higher education institutions in Saudi Arabia: an exploratory study [J]. Cluster Computing, 2015, 18 (4): 1527 – 1537.

[174] T. E. Dunning. Accurate methods for the statistics of surprise and coincidence [J]. Computational Linguistics, 1993, 19 (1): 124 – 129.

[175] Theresa Wilson, Paul Hoffmann, et al. OpinionFinder: A System for Subjectivity Analysis [A]: In : Proceedings of (HLT – EMNLP – 05) Demonstration Abstracts, Vancouver, Canada, 2005 [C].

[176] Tjikongo R, Uys W. The viability of cloud computing adoption in SMME's in Namibia: IST – Africa Conference and Exhibition (IST – Africa), 2013 [C]. IEEE.

[177] Tomatzky L G, Fleischer M. The Processes of technological innovation [J]. The Journal of Technology Transfer, 1990, 1 (16): 45 – 46.

[178] Vasileies Hatzivassiloglou, Kathleen R, McKeown. Piedicting the semantic orientation of adjectives [A]: In: Proceedings of the 35th Annual Meeting of the Association for Computational Linguistics and the 8th Conference of the European Chapter of the ACL, 1997 [C].

[179] Venkatesh V, Morris M, Davis G, et al. User acceptance of information technology: Toward a unified view [J]. MIS quarterly, 2003, 27 (3): 425 – 478.

[180] Voorbraak F. On the justification of Dempster's rule of combination [M] //Artificial Intelligence, 1991: 171 – 197.

[181] Wang F K, He W. Service strategies of small cloud service providers: a case study of a small cloud service provider and its clients in Taiwan [J]. International Journal of Information Management, 2014, 34 (3): 406 – 415.

[182] Wang L, Von Laszewski G, Younge A, et al. Cloud computing: a perspective study [J]. New Generation Computing, 2010, 28 (2): 137 – 146.

[183] Wiedemann D, Strebel J. Organizational determinants of corporate IaaS usage: Commerce and Enterprise Computing (CEC), 2011 IEEE 13th Conference, 2011 [C]. IEEE.

[184] Wu W W. Developing an explorative model for SaaS adoption [J]. Expert Systems with Applications, 2011, 38 (12): 15057 -15064.

[185] X Cheng. Automatic Topic Term Detection and Sentiment Classification for Opinion Mining [D]. Saarbrücken, Germany: The University of Saarland, 2007.

[186] Yuan B J C, Yang C L, Hwang B N. Key consideration factors of adopting cloud computing for science: Proceedings of the 2012 IEEE 4th International Conference on Cloud Computing Technology and Science (Cloud - Com), 2012 [C]. IEEE Computer Society.

[187] Zheng X P. Study on the opportunities and challenges of the cloud computing for Chinese medium - sized and small enterprises: E - Business and E - Government (ICEE), 2011 International Conference, 2011 [C]. IEEE.

[188] Zhenyu Huang. Toward a Deeper Understanding of the Adoption Decision for Interorganizational Information Systems (IOS): An Investigation of Internet EDI (I - EDI) [D]. The University of Memphis, 2003.

附录 调查问卷

尊敬的用户：

您好！

非常高兴您能接受我们的此次问卷调查！本次调查的目的是为了了解贵公司对云计算服务的认识和看法。我们承诺，本次调研不涉及商业目的，本问卷中的内容不会涉及贵公司的商业敏感信息，您填写的问卷内容仅用于科学研究，所有调研数据都会全程保密。问卷填写估计耗时5—10分钟，感谢您能够拨冗参与调查。

我们的研究非常需要您的帮助，由衷感谢您的合作！

第一部分：

以下请您根据实际情况填写贵公司的基本信息。

1. 贵公司名称

2. 贵公司的成立时间

3. 贵公司的规模

A. 微型企业 B. 小型企业 C. 中型企业 D. 大型企业

4. 贵公司所处行业

A. 农业 B. 工业 C. 服务业

5. 贵公司目前发展阶段：

A. 初创期，公司成立不久

B. 成长期，公司业绩增长较快

C. 成熟期，公司业绩稳定发展

第二部分：

以下是关于云服务的相关论述，请根据与贵公司实际情况的符合程度，在对应的分值空格中打钩（5分表示非常同意，4分表示同意，3分表示不确定，2分表示不同意，1 分表示非常不同意）。

题号	题目	1	2	3	4	5
A1	使用云计算服务可以提高公司的效率和收益					
A2	使用云计算服务可以降低公司的 IT 成本					
A3	使用云计算服务可以让组织管理更有效					
A4	使用云计算服务可以提高公司的竞争力					
A5	使用云计算服务可以提高公司的灵活性					
B1	云计算服务的业务操作很复杂					
B2	使用云计算服务需要员工掌握的技能太复杂					
B3	使用云计算服务需要公司内部做出变革					
C1	云计算服务与公司现有软硬件兼容					
C2	云计算服务与公司的工作业务兼容					
C3	云计算服务与公司的发展战略一致					
D1	使用云计算服务需要较高的资金投入					
D2	使用云计算服务需要较高的人力投入					
D3	使用云计算服务需要较高的运维成本					
E1	决定采纳前，公司有充足的机会试用云计算服务					
E2	决定采纳前，公司有充足的时间试用云计算服务					
E3	决定采纳前，公司可以正确地试用云计算服务					
F1	管理层愿意提供足够的资金和人力支持					
F2	管理层愿意承担使用云计算服务的风险					
F3	管理层对云计算服务的功能和前景非常了解					
G1	公司具有应用云计算服务的充足资金					
G2	公司具有应用云计算服务的富余人力					
G3	公司具有应用云计算服务必需的 IT 资源					
G4	公司员工具备应用云计算服务的技能					
H1	公司内部有应用云计算服务的需求					
H2	相比其他需求，云计算服务的需求更迫切					
H3	应用云计算服务属于公司的增值环节					
I1	社会上很多其他公司都应用了云计算服务，我们也要跟上					
I2	公司的很多合作伙伴和客户已经开始应用云计算服务					
I3	媒体和咨询机构都鼓励应用云计算服务					

续表

题号	题目	1	2	3	4	5
I4	云计算是未来趋势，公司应该主动追随					
J1	竞争对手正在使用云计算服务，我们要赶上，不能落后					
J2	要在行业内领先，就要应用云计算服务					
J3	业内已经出现应用云计算服务获得竞争优势的竞争对手					
K1	政府提供财政支持促进云计算发展					
K2	政府出台优惠政策促进云计算发展					
K3	政府对推动企业应用云计算制定了详细的规划					
L1	云服务商在业内有很好的信誉					
L2	云服务商提供高品质的服务					
L3	云服务商具有很强的技术实力					
M1	数据存储在云端很安全，不会因黑客攻击、监听等网络犯罪导致丢失或泄露					
M2	数据存储在云端很安全，不会因商业利益被云服务商滥用					
M3	数据存储在云端很安全，不会因为云服务平台技术问题而导致丢失					
N1	公司倾向于采纳云计算服务					
N2	公司预测将采纳云计算服务					
N3	公司肯定会采纳云计算服务					
AB	公司已经采纳或者已经决定采纳云计算服务					

感谢您参加本次调查！